高职院校"双高"建设与紧缺型人才产教融合特色教材

核电站安全基础

主　编◎袁　景　张翼辉
副主编◎杨　俊　王银杰
　　　　朱晓东　金立清
　　　　梁　超　孙洪波
主　审◎陈　春

西南交通大学出版社
·成　都·

图书在版编目（CIP）数据

核电站安全基础 / 袁景，张翼辉主编. -- 成都：西南交通大学出版社，2025.5. --ISBN 978-7-5774-0412-7

Ⅰ. TM623.8

中国国家版本馆CIP数据核字第2025DJ8822号

Hedianzhan Anquan Jichu
核电站安全基础

主　编／袁　景　张翼辉

策划编辑／李晓辉
责任编辑／李晓辉
责任校对／左凌涛
封面设计／吴　兵

西南交通大学出版社出版发行
（四川省成都市金牛区二环路北一段111号西南交通大学创新大厦21楼　610031）
营销部电话：028-87600564　　028-87600533
网址　https://www.xnjdcbs.com
印刷　四川森林印务有限责任公司

成品尺寸　185 mm×260 mm
印张　11.25　字数　248千
版次　2025年5月第1版　　印次　2025年5月第1次

书号　ISBN 978-7-5774-0412-7
定价　36.00元

课件咨询电话：028-81435775
图书如有印装质量问题　本社负责退换
版权所有　盗版必究　举报电话：028-87600562

核电站海水进水口（孙洪波 供图）

建设中的核电站（孙洪波 供图）

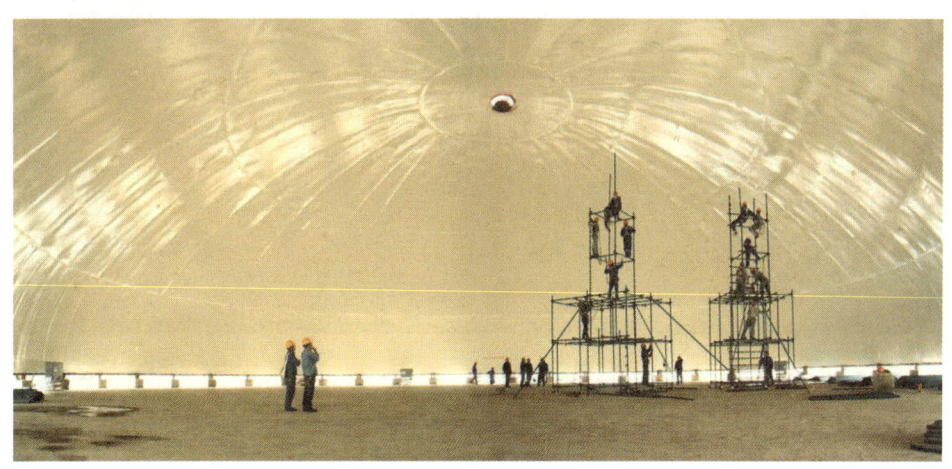

搭设天梯（孙洪波 供图）

高压配电盘试验(孙洪波 供图)

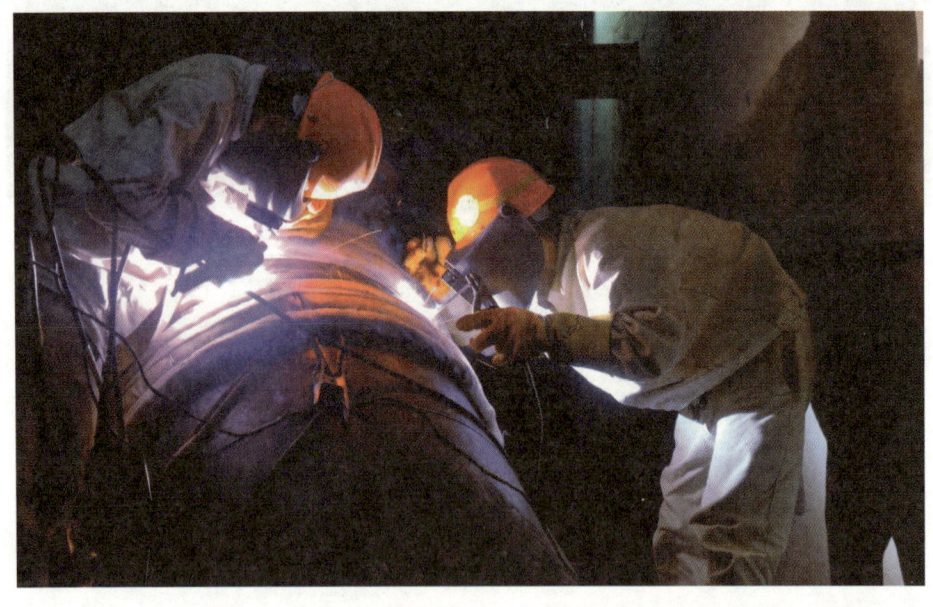

VVP主蒸汽管道焊接(孙洪波 供图)

前言

党的二十大报告指出,要"积极安全有序发展核电,加强能源产供储销体系建设,确保能源安全"。核电是国家能源发展的重要组成部分。随着科学技术的进步以及数字技术创新发展持续赋能,核电将迎来高质量发展的阶段,而安全是核电发展的生命线。从20世纪70年代至今,我国核电大致经历了起步发展、适度发展、积极发展和安全高效发展四个阶段。经过近40年的发展,我国核电发电装机已列全球第三位,形成了完整的研发设计、工程建设、运营维护、燃料保障、设备制造等全产业链体系,建成了成秦山、大亚湾、田湾等13个核电基地,从未发生国际核事件分级(INES)二级及以上的运行事件,核电安全总体水平已跻身国际先进行列;提升了核电自主创新和独立设计能力,实现了核电技术由"二代"向"三代"跨越;具备了每年制造8~10台套核电主设备能力;形成了同时建造30多台机组的工程施工能力。目前,已完成初可研阶段的核电厂址总规划容量约4.1亿千瓦,其中沿海2.3亿千瓦,内陆厂址1.8亿千瓦。经过多年耕耘,我国核电产业在满足国内市场需要的同时,已经走出国门走向世界。

高职院校核电工程相关专业学生都需要对核电安全文化进行了解,不断增强核安全意识。本书结合职业教育的特点,紧密联系生产实际。内容通过对核电安全知识及安全文化相关理论的学习归纳,厘清"安全文化"的定义和企业安全文化的建设层次,让学生掌握具有核电项目施工企业特色的安全文化内涵。编写中突出以下理念:

1. 弘扬核安全文化

安全文化是核电安全生产与管理的核心。倡导和弘扬安全文化,营造珍惜生命、善待生命的精神环境,培育学生内在的安全习惯和安全行为。

2. 树立正确安全意识

安全意识是核电人应具有的基本意识。利用核安全文化特有的激励引导作用来引导学生树立正确的安全意识,规范其行为,从而达到科学操作、安全生产的目的。

3. 提高安全能力素质

提升学生安全能力素质是预防安全的关键。良好的安全氛围,加强安全文化素质教育，掌握安全技术知识，从技术、文化等方面构建安全文化体系。

本书要求学生了解核电的概况和核安知识与全文化，熟悉核电站安全和质量管理体系，掌握核安全应急响应机制，让学生初步具备核安全操作规范的能力。

本书具有以下特点：

1. 目标性强

本书以培养学生实操能力为目的，每个章节都设置了学习目标，将安全文化与实际工作的案例结合起来，培养学生自立学习的能力。

2. 知识面宽

本书从内容上拓宽了知识面，增加了核辐射相关知识，改变学生谈核色变的心态，正确理解核电与核能。同时依据学生认知特点，递进式地设计章节内容，从而培养学生职业能力。

3. 内容丰富

本书从核电概况开始，先后介绍核电安全文化、核电工业安全、核辐射、核电站辐射、核电厂质量管理等。主要介绍核电安全文化但不限于文化，旨在提高将来从事核工业相关建设工作学生的安全意识。

本书内容共 8 章，按照教学计划，建议总共 32～40 个学时，读者根据教学实际情况灵活安排；具体学时分配建议如下：第 1 章 6 学时，第 2 章 4 学时，第 3 章 4 学时，第 4 章 6 学时，第 5 章 6 学时，第 6 章 6 学时，第 7 章 4 学时，第 8 章 4 学时。

本书由袁景、张翼辉担任主编，陈春主审；杨俊、王银杰、朱晓东、金立清、梁超、孙洪波参加编写，其中金立清、孙洪波、王银杰、朱晓东来自中核二三建设有限公司。

由于编者水平有限，书中存在疏漏或不妥之处，恳请使用者提出批评指正。

编 者

2024 年 11 月

目 录

第 1 章　核电安全基本概念
第一节　安全文化的产生与发展 …………………………001
第二节　核安全文化基本概念 ……………………………007
第三节　核安全文化的组成 ………………………………010
第四节　核安全文化理念体系 ……………………………014
第五节　核电站安全保障措施 ……………………………019

第 2 章　核能与核电站认知
第一节　世界核电发展历程 ………………………………023
第二节　我国核电发展历程 ………………………………028
第三节　核电站类型及组成 ………………………………033

第 3 章　核电站主要设备与系统
第一节　一回路系统 ………………………………………039
第二节　二回路系统 ………………………………………049
第三节　专设安全设施 ……………………………………053

第 4 章　核电站工业安全
第一节　核电站施工风险与预防 …………………………057
第二节　现场安全管理规定 ………………………………059
第三节　安全案例分析 ……………………………………063

第 5 章　核电站辐射与防护

　　第一节　核辐射危害 ··· 067

　　第二节　辐射防护基本知识 ·· 071

　　第三节　辐射防护的原则 ··· 073

　　第四节　核废料的后处理 ··· 075

第 6 章　核电站应急响应

　　第一节　核电站的潜在风险 ·· 079

　　第二节　应急响应的基本知识 ··· 082

　　第三节　核应急 ··· 084

第 7 章　核电厂质量管理

　　第一节　质量控制与质量保证 ··· 091

　　第二节　核电站工作包的内容及联系 ·· 092

　　第三节　核电质量保证 ·· 094

　　第四节　核电工程的质量保证要求 ··· 095

　　第五节　核电现场质量控制 ·· 096

第 8 章　核电事故案例分析

　　第一节　核电厂严重事故的处置 ·· 099

　　第二节　切尔诺贝利核电站的爆炸事故 ··· 105

　　第三节　三里岛核事故 ·· 109

　　第四节　质量典型案例 ·· 114

附录 1《核电厂质量保证安全规定》(节选) ·· 120

附录 2《核电厂质量保证记录制度》(HAD003/04)(节选) ·················· 127

附录 3 核电站建设者岗前培训内容(节选) ······································· 133

附录 4 核电站建设部分工种安全技术操作规程 ·································· 152

参考文献 ·· 172

第 1 章

核电安全基本概念

核安全文化是存在于组织和个人的各种特性和态度的总和，它建立一种超出一切的观念，核电厂的安全问题由于它的重要性必须得到保证并给予应有的重视。对于核电站，发电是目的，核安全是前提，质量是保障。安全与质量问题不容丝毫懈怠，它不仅是经济问题，也是政治问题，还关系到社会稳定问题。在核电快速发展、形势一片大好的情况下，一旦核电机组出现问题（无论是安全问题还是质量问题），这些大好形势将远离我们而去，包括我们的期望和存在的理由！核安全是核电的生命线，安全文化是核电的灵魂。培育安全与质量文化是核电企业的永恒主题。

第一节 安全文化的产生与发展

一、安全和安全文化

安全通常指的是从人的身心需要角度提出的，针对人以及与人的身心直接或间接相关的事物而言的一种状态。它主要关注的是如何预防、避免、控制和消除各种意外事故和灾害，以保障人类生命、财产和环境的安全。安全不能被人直接感知，但人们可以通过感知危险、风险、事故、灾害、损失、伤害等来认识安全的重要性。

（一）安全文化

安全文化则是一个更为广泛和深入的概念。它最早由国际核安全咨询组（INSAG）在1986年针对切尔诺贝利事故提出，并在后续报告中给出了定义：安全文化是存在于单位和个人中的种种素质和态度的总和。从广义的角度来看，安全文化不仅包含安全理念、安全意识、安全情感、安全价值观、安全态度、安全心理、安全认知、安全行为准则等"内化"的文化素质，还包含安全理论体系、安全知识系统、安全行为方式、安全行为习惯、安全制度、安全标准、安全标识、安全凝聚力、安全激励力等"外化"的文化表象和载体。安全文化是保护生产力、发展生产力的重要保障，是社会文明、国家综合实力的重要标志；它是当代科技开发与社会发展的基本准则，是人文伦理、文化教育等社会效力的体现；它是文学艺术、美学追求的崇高境界，是人性修养、行为规范、道德观念、价值观、人生观的哲学殿堂；它是保护人的身心健康，实现安全、舒适、高效活动的理论与实践指南；它是全人类获得高度物质文明和精神文明的国际规范及戒律标准。

安全文化的主要目的是在现有的技术和管理条件下，使人类生活、工作得更加安全和健康。它强调以人为本，通过培育员工共同认可的安全价值观和安全行为规范，在企业内部营造自我约束、自主管理和团队管理的安全文化氛围，最终实现持续改善安全业绩、建立安全生产长效机制的目标。

（二）安全与安全文化的关系

相互依存：安全是安全文化的基础和目的，而安全文化则是实现安全的重要手段和保障。

相互促进：安全文化的建设可以提升员工的安全意识和行为规范，从而减少安全事故的发生，保障安全；而安全生产的实践又可以进一步丰富和完善安全文化的内涵。

（三）安全文化的重要性

提高安全性意识水平：通过教育员工关于如何保护设备、数据和其他敏感信息，增强员工的安全意识。

提供培训机会：帮助员工了解最新的威胁情报和攻击方式，提高应对能力。

实施合适的技术措施：防止未经授权访问或窃取公司机密等行为，确保信息安全。

减少事故和伤害：通过建立良好的安全文化，可以减少事故或伤害发生的可能性，保护员工的生命安全和健康。

提高整体效率：当员工们相信自己所处的企业是值得信赖且关心他们的时候，他们会更加努力去完成任务并且减少错误率，从而提高整体效率。

综上所述，安全和安全文化是保障人类生产、生活安全的重要方面。通过加强安全文化建设，可以不断提升员工的安全意识和行为规范，为实现企业的安全生产和可持续发展提供有力保障。

二、核安全文化产生的背景

"安全文化"作为安全管理的基本思想和原则，其产生与核能界安全管理思想的演变和发展息息相关，一脉相承，是安全管理思想发展的必然结果，同时也是现代企业管理思想和方法在核能界的具体应用和实践。

核安全文化产生的背景主要根植于核能利用过程中的安全挑战与事故教训，以及国际社会对于提高核设施安全性的迫切需求。具体来说，其背景可以归纳为以下几个方面：

（一）核能技术的快速发展与应用

随着科学技术的进步，核能作为一种清洁、高效的能源形式，在全球范围内得到了广泛应用。核电站的建设和运营成为许多国家能源战略的重要组成部分。然而，核能技术的复杂性和潜在的危险性也对其安全管理提出了极高要求。

（二）重大核事故的深刻教训

历史上发生的几起重大核事故，如 1979 年的美国三里岛核事故、1986 年的苏联切尔诺贝利核事故以及 2011 年的日本福岛核事故，给人类带来了巨大的灾难和深刻的教训。这些事故不仅造成了人员伤亡、环境污染和财产损失，还引发了全球对核能安全的广泛关注和深刻反思。

1. 三里岛核事故

三里岛核电站位于宾夕法尼亚州哈里斯堡的三里岛。三里岛核电站沸水式反应炉功率有 950 MW，每小时可产生饱和蒸汽 7 620 000 Lb（1 Lb≈0.4536 kg），推动汽轮发电机，热效率可达 35%。其中，每部设备每年可发电 5 TW·h。三里岛核电站有 164 m 高的冷却水塔，每分钟会有 1 700 t 的水被抽入冷却水塔，其中的 40 t 水会变成蒸汽。蒸汽涡轮的钢制外壳重达 99.32 t，外壳之下是保护转子的重达 32 t 的内壳，里面就是蒸汽轮机的核心部件——80 t 的转子，当涡轮叶片旋转时候，叶片尖的速度甚至达到两倍音速。在建造的时候，为了防止出现放射性物质的泄漏，整个设备都被包裹在了 3 m 厚重的混凝土块下面。

1979 年 3 月 28 日，三里岛核电站发生了美国历史上最严重的核泄漏事件，即三里岛核事故。

三里岛核电站是压水反应堆结构。当时反应堆正在稳定地接近满功率运行，凌晨 4 时，蒸汽发生器给水系统出现故障。因此，汽轮发电机自动脱扣，控制棒插入反应堆，导致反应堆功率下降。三台备用给水泵本应供应冷却水，可是无效果，具体原因事后才搞清楚，是因为一个通往蒸汽发生器的阀门被误关了；当 8 min 后人们发现并打开阀门，但蒸汽发生器已经被烧干了。这样水冷却剂温度和压力增加，顶开了稳压器上的安全阀。这样冷却剂跑到了骤冷箱容器并冲破了箱上安全膜而流出，继而大量放射性冷却水灌进了安全壳厂房，流进疏水坑。同时，反应堆压力继续下降。随后，工作人员启动了紧急堆芯冷却系统。高压泵把水补进反应堆容器，根据当时观测，稳压器已灌满了水，这样它无法起到任何作用。因此又决定关闭紧急冷却系统，停了反应堆主泵，但严重缺水状况造成了堆芯过热并被烧干。此时虽然裂变已经停止了，但是裂变产物的衰变仍产生大量余热，流过堆芯的冷却剂流量不足以冷却燃料棒，燃料棒受到了某种程度的损坏。大量的放射性物质，特别是氙、氪之类的气体与碘从反应堆泄漏了出来。幸运的是，在这次核事故中，主要的工程安全设施都自动投入运行，同时由于反应堆有几道安全屏障（燃料包壳、一回路压力边界和安全壳等），因而没有造成人员伤亡，在事故现场只有 3 人受到了略高于半年的容许剂量的照射。

2. 切尔诺贝利事故

切尔诺贝利核电站位于乌克兰北部，距首都基辅以北 130 km，它是苏联时期在乌克兰境内修建的第一座核电站。由于操作人员违反规章制度，核电站的第 4 号核反应堆在进行半烘烤实验时突然失火,引起爆炸,其辐射量相当于美国投在日本的原子弹辐射量的 400 倍。爆炸使机组被完全损坏,8 t 多的强辐射物质泄露,尘埃随风飘散,致使俄罗斯、白俄罗斯和乌克兰许多地区遭受严重的核辐射污染。简单来说,造成事故的主要技术原因在于切尔诺贝利核电站采用石墨慢化沸水冷却压管式反应堆机组。其石墨堆与压水堆在安全性上比较见表 1-1。

表 1-1　石墨堆水质水堆的安全性比较

项目	石墨堆	压水堆	安全意义
堆型	石墨水冷堆,具有正的功率系数,运行不稳定	压水堆,具有强的负功率系数	负功率系数使反应堆固有稳定,不会发生功率陡升
控制棒价值设计与下落时间	在特殊配置下插棒引入正反应性,插棒全程需 20 s	控制棒总是引入大的负反应性,全程在 2 s 以内	必要时快速中止链式反应
反应堆体积	高 7 m,直径 12 m	高 3.6 m,直径 3.2 m	物理性能耦合很弱,大堆芯易引起氙震荡
控制保护系统	比较简单	设计充分	操纵员干预能力与设计有关,简单设计过于依赖人员,可靠性差
安全壳	无安全壳	有强健的安全壳	安全壳在万一发生事故时能有效包容放射性物质,减少外泄

切尔诺贝利核电站的核事故所暴露的管理问题见表 1-2。

表 1-2　核电站安全管理问题

管理问题	在安全上的意义
任意变更试验条件	由于缺乏严格的审评制度,与核安全有关的实验未经充分论证即付诸实施,带来巨大隐患
安全分析不充分,技术规范和运行规程不完备,人员培训不足	总体上把握机组状态很困难,致使机组处于极不稳定的状态
闭锁反应堆保护系统通道	使机组失去自动保护功能
旁路堆芯应急冷却系统	失去了异常工况下挽救堆芯的能力

续表

管理问题	在安全上的意义
运行与管理人员缺乏对安全的正确态度	机组进入不安全状态而浑然不觉,在外界压力下失去耐心,缺乏自觉遵守规程的习惯
无专责管理安全的高层领导	安全问题难以引起高层关注
无事先充分准备的事故处理规程	发生意外时无所适从,耽误判断与决策时间

3. 福岛核事故

2011年3月11日,日本东北太平洋地区发生里氏9.0级地震,并引发海啸。地震发生前,福岛第一核电厂6台机组当中的1、2、3号核电机组处于功率运行状态,4、5、6号机组处于停堆检修状态。地震之后1、2、3号核反应堆自动停堆。同时核电厂厂外供电设施受到影响,停止供电,应急柴油发电机组自动启动。地震引起的海啸在地震发生后46 min抵达福岛核电厂。海啸浪高超过厂址标高约14 m,远远超过核电厂设计防浪潮5.7 m。大量海水涌入核电厂内部,核电厂的供电系统被水淹没而遭受严重损坏。

由于丧失了电力,反应堆冷却剂泵无法运转,导致反应堆压力容器当中的余热也无法排出,堆芯温度急剧上升,燃料包壳锆金属在高温下与水发生反应产生了大量氢气,随后引发了一系列爆炸。

现场环境遭受海啸冲击之后异常恶劣,抢险救灾工作进展缓慢。核电厂淡水资源用尽后,不得已将海水注入核反应堆,降低堆芯温度。直到3月25日,核电厂才恢复淡水供应。

(三)国际社会对核安全的重视

核事故发生后,国际社会普遍认识到加强核安全的重要性和紧迫性。各国政府、国际组织和非政府组织纷纷采取措施,加强核安全监管,推动核安全文化的建设。国际原子能机构(IAEA)等国际组织在推动核安全国际合作、制定核安全标准和规范方面发挥了重要作用。

三、核安全认知进程

核安全文化的产生标志着核安全观念的重大转变。传统上,核安全主要依赖于技术手段和工程措施来确保核设施的安全运行。然而,随着对核事故原因的深入分析和对核安全认识的不断深化,人们逐渐认识到人为因素和组织管理在核安全中的重要作用。因此,核安全文化强调将安全理念融入核设施的设计、建造、运行和管理的全过程,通过培养良好的安全文化氛围来提高核设施的整体安全水平。

从演变和发展过程来看,安全管理思想的发展经过了三个有代表性的阶段。

（一）全球核电发展初期核电管理思想

这一阶段的特点是重视设计的保守性和设备的可靠性，实施纵深防御原则。

1942 年，恩利克·费米领导建成了世界上第一座实验型原子反应堆，并对核安全给予了高度重视。

1947 年，美国反应堆安全委员会开始讨论关于在反应堆外围设立密封安全壳的提案，安全壳概念逐渐形成。

20 世纪 70 年代核安全管理集中于设计、安装、调试和运行等各个阶段技术的可靠性，即设备和程序质量的保证，具体来讲：在设计方面，考虑系统、设备的冗余性和多样性以防止事故发生并限制和减少相应后果。在程序方面，精心设计和制定程序，所有工作都使用程序，严格按程序办事，从而有效减少人为失误发生的可能性。

（二）20 世纪 80 年代核安全管理思想

1979 年美国三里岛核电站事故发生后，核能界反思了 20 世纪 70 年代核安全管理思想和管理原则存在的若干问题，20 世纪 80 年代的核安全管理思想是在一系列重大核事故之后进行深刻反思和调整的结果，主要聚焦于预防和减少人因事件的发生，提出了众多减少人因失误的措施：

（1）更深入地拓展事故处理规程的内涵以增加其应用范围和有效性。

（2）在运行值以外增设独立的"安全工程师"（STA）岗位，确定由该岗位人员在核能机组扰动工况下提供人为的冗余，周期性地使用其专用监督程序对机组安全状态进行独立监督，并在紧急状态下决定应采取的响应措施，以有效限制或延缓严重事故工况下反应堆堆芯的损伤。

（3）改善主控室人机接口，将重要的安全信息集中于"安全监督盘系统"（KPS），并为主控室操纵员和安全工程师各设置一个终端。

（4）在各种重要的运行、维修活动过程中设置"停工待检点"（H 点），以加强质量、安全控制与监督。

（三）20 世纪 90 年代核安全管理思想

20 世纪 90 年代的核安全管理思想在经历了深刻反思和调整后，得到了进一步的深化和发展。这一时期，核安全管理思想的核心逐渐转向了"安全文化"的建设，强调组织和个人对安全的共同责任和持续改进。

1986 年苏联切尔诺贝利核电厂事故后，国际原子能机构（IAEA）和国际核安全咨询组（INSAG）深入分析了事故原因，认识到人员安全素质对核安全的重要性。结合当时兴起的"企业文化"管理思想，INSAG 在 1988 年的报告中首次提出了"安全文化"的概念。与此同时，20 世纪 80 年代末兴起的"企业文化"这一管理思想在世界范围内得到了广泛应用。结合"企业文化"的管理思想,国际原子能机构(IAEA)下属的国际核安全咨询组(INSAG)组织提出了"安全文化"这一新的安全管理思想和原则。安全文化思想的核心是既强调组织建设和个人贡献。

组织建设:安全文化强调组织内决策层、管理层、执行层等各个层次的建设,认为核电厂的安全水平取决于这些层次的建设水平和协作能力。

个人贡献:安全文化也注重分析个人对安全的态度与贡献,强调每个人都是核安全链条上不可或缺的一环,需要每个人都能够自觉地遵守安全规程,积极参与安全管理和改进活动。

在切尔诺贝利核电站事故后,INSAG在对事故原因进行深入分析的基础上,于1986年出版的No75-INSAG-1《切尔诺贝利事故后评审会的总结报告》中首次引入"安全文化"这一概念。之后,又在1988年出版的No75-INSAG-3《核电厂基本安全原则》中进一步扩展了"安全文化"概念,并把它作为核电厂基本安全原则之一。在1991年出版的报告No75-INSAG-4《安全文化》中,专门论述并最终完善了安全文化概念及安全文化建设相关方法。

综上所述,核安全文化产生的背景是多方面的,包括核能技术的快速发展与应用、重大核事故的深刻教训、国际社会对核安全的重视、核安全观念的转变以及核安全文化的提出与定义等。这些因素共同推动了核安全文化的形成和发展。

第二节　核安全文化基本概念

一、核安全文化的定义

核安全文化是国际原子能机构(IAEA)的国际核安全咨询专家组(INSAG)在总结切尔诺贝利核事故经验教训的基础上,在报告INSAG-3中指出,建立核安全文化的目的,就是要规范所有参与核电站活动相关的组织和个人自身的行为以及相互的行为。1991年出版的INSAG-4报告中定义:核安全文化是存在于单位和个人中的种种特性和态度的总和,它建立一种超出一切之上的观念,即核电站的安全问题由于它的重要性要得到应有的重视。这种文化以"安全第一"为根本方针,以维护公众健康和环境安全为最终目标,是核能与核技术利用实践经验的总结,也是核安全大厦的基石。核安全文化不仅体现在组织层面的制度、管理和监督上,还深深植根于每个从事核安全相关工作的人员的心中,成为他们行为准则和价值观的重要组成部分。

我国国家核安全局(NNSA)在总结国际社会和国内发展经验的基础上定义核安全文化:核安全文化是指各有关组织和个人以"安全第一"为根本方针,以维护公众健康和环境安全为最终目标,达成共识并付诸实践的价值观、行为准则和特性的总和。它以"安全第一"为根本方针,以维护公众健康和环境安全为最终目标。

1. 安全文化的发展历史

1986 年出版的安全丛书 75-INSAG-1，即 INSAG 的《切尔诺贝利事故后评审会的总结报告》中第一次出现和采用"安全文化"这个术语。

1988 年出版的安全丛书 75-INSAG-3，即 INSAG 的《核电厂安全原则》中"安全文化"被强调为安全管理的基本原则。

1991 年出版的安全丛书 75-INSAG-4，专门讨论"安全文化"的概念，强调只有全体员工致力于一个共同的目标才能获得最高水平的安全。

2002 年出版的安全丛书 INSAG-15，即《强化安全文化的关键实践》提出了安全文化的 7 个关键要素。

2. 安全文化的三个层次

（1）表面层次安全文化：是指可见之于形、闻之于声的文化现象。如厂容厂貌、文明生产、环境秩序等。

（2）中间层次安全文化：是指企业的安全管理体制。如组织机构、部门职责、制度建设等。

（3）深层次安全文化：是指企业及其员工心灵中的安全意识形态。如思维方式、行为准则、价值观等。

二、安全文化认知的三个阶段

第一阶段（要我安全）：安全被认为是外部的监管要求。
第二阶段（我要安全）：追求良好的安全业绩。
第三阶段（完善安全）：安全持续改进，寻求安全管理方法。

三、核安全文化包含的要素

1. 安全理念与价值观

核安全文化强调安全是核能利用的首要前提，要求所有相关人员都树立"安全第一"的理念，将安全视为工作的最高准则。

2. 制度与管理

建立健全的核安全管理制度，明确各级人员的安全职责，确保安全管理的有效性和可持续性。同时，加强监管力度，确保各项安全措施得到切实执行。

3. 行为准则

制定并推广核安全行为准则，规范从业人员的操作行为，减少人为失误和事故的发生。这包括严格遵守操作规程、保持高度的警惕性和责任心等。

4. 教育培训

加强核安全教育培训，提高从业人员的安全意识和技能水平。通过定期的培训、演练和考核等方式，确保每位员工都能熟练掌握核安全知识和技能。

5. 沟通与协作

建立良好的沟通机制和协作氛围，鼓励员工之间、部门之间以及组织之间的信息交流和资源共享。这有助于及时发现和解决潜在的安全问题，提高整体的安全水平。

6. 持续改进与创新

核安全文化倡导持续改进和创新的精神，鼓励员工不断寻求新的安全理念和方法，以应对不断变化的核安全挑战。

综上所述，核安全文化是一种深入人心的安全理念和行为准则的总和，它要求所有相关人员都将安全视为工作的首要任务，并为此付出不懈的努力。这种文化的建立和发展对于保障核能利用的安全性和可持续性具有重要意义。

四、核安全文化的功能

1. 教育作用

核电安全文化是核电厂根据核安全工作的客观实际与自身要求而设计的一种文化，它传递着核电厂关于核安全的目标、方针以及实施计划等信息。这种文化具有相对的系统性和完整性，能够有效地对全体员工进行安全教育，提升他们的安全意识和责任感。通过宣传教育，员工能够更好地理解核安全的重要性，掌握必要的安全知识和技能，从而在工作中自觉遵守安全规定，减少人为失误和事故的发生。

2. 认识作用

核电安全文化帮助员工认识到核安全问题的复杂性和严峻性，使他们明白任何微小的疏忽都可能带来严重的后果。通过安全文化的熏陶和影响，员工能够形成正确的安全观念和价值观，认识到自己的行为和态度对核安全的重要性。这种认识作用有助于员工时刻保持警惕，不断提高自己的安全素养和应对能力。

3. 规范作用

核电安全文化建立了一套完整的安全管理体系和规章制度，对员工的行为和操作进行了明确的规定和约束。通过安全文化的引导和规范，员工能够养成良好的工作习惯和行为模式，自觉遵守安全规程和操作规程，减少违章操作和事故的发生。同时，安全文化还鼓励员工积极参与安全管理活动，提出改进意见和建议，不断完善安全管理体系和规章制度。

4. 激励作用

核电安全文化强调以人为本的管理理念，注重激发员工的积极性和创造力。通过安全文化的激励作用，员工能够感受到自己在安全管理中的价值和作用，从而更加努力地工作和学习。同时，安全文化还建立了相应的奖惩机制，对表现突出的员工给予表彰和奖励，对违反安全规定的员工进行惩罚和纠正。这种奖惩机制能够有效地激发员工的积极性和责任感，推动核电安全工作的持续改进和发展。

5. 保障作用

核电安全文化是核电厂安全管理的灵魂和有力保证。它通过建立一套科学、合理、有效的安全管理机制和体系，确保核电厂在各个环节和过程中都能够得到有效的安全保障。当核电厂面临安全威胁和挑战时，安全文化能够迅速调动各方面的资源和力量进行应对和处置，保障核电厂的安全稳定运行和可持续发展。

综上所述，核电安全文化在核电厂的安全管理中发挥着至关重要的作用。它不仅能够提高员工的安全意识和责任感，规范员工的行为和操作，还能够激发员工的积极性和创造力，为核电厂的安全稳定运行和可持续发展提供有力的保障。

第三节　核安全文化的组成

核电站在产生电能的同时，也产生放射性物质并存在放射性产物释放而导致公众和环境受到伤害的风险，这一特点决定了安全问题的至高无上。因此，在核电站内培育安全文化氛围，在增强员工的安全意识上投入更多的资源，对保障安全至关重要。核安全文化是指各有关组织和个人以"安全第一"为根本方针，以维护公众健康和环境安全为最终目标，达成共识并付诸实践的价值观、行为准则和特性的总和。

一、核安全文化的特征

安全文化作为一个社会存在是客观的。国际原子能机构提出的核安全文化指的是一种在核能与核技术领域必须存在的健康的安全文化。核安全文化的特征主要体现在以下几个方面：

1. 遵循统一的核安全基本原则

由于辐射危险有可能会超越国界。对于核能与核技术的利用，国际社会认为，不管各国工业和社会发展如何，任何严重的核事故对当地事故现场以及周边国家，甚至较远地区国家的公众健康与环境都有重大的、潜在的和持久的影响。因此，实施核安全监管是一项国家责任，核安全监管必须进行国际合作。为此，2007年11月国际原子能机构与联合国环境规划署和世界卫生组织等9个国际组织出版了《基本安全原则》（"安全标准丛书"第SF-1号）。在这个报告里国际原子能机构提出了基本安全目标和10个安全原则。

2. 决策层的安全观和承诺

安全观念：决策层需树立正确的核安全观念，将核安全视为高于一切的根本方针。

安全承诺：在确立发展目标、制定发展规划、构建管理体系、建立监管机制、落实安全责任等决策过程中，始终坚持"安全第一"的原则，并就确保安全目标做出明确承诺。

责任落实：明确岗位的职责和授权，确保顺利完成核电厂检修任务。

现场巡视：决策层应经常进行现场巡视，进行工作活动的观察、辅导，强化核安全文化要求。

资源保障：确保组织内的管理体系有效运作，为核安全提供足够的资源保障。

3. 主动精神

遵规守制是保证核安全的最基本要求，但这不足以保证核安全。为了保证核安全，还要求员工具有高度的警惕性、实时的见解、丰富的知识、准确无误的判断能力和强烈的责任感，以承担所有可能影响安全的任务。

公司应建立科学合理的管理制度，确保在制定政策、设置机构、分配资源、制订计划、安排进度、控制成本等方面的任何考虑不能凌驾于安全之上。

4. 资源管理

人员、设备、程序和其他资源的管理能够对核安全提供足够的支持。

5.反馈机制

建立对安全问题的质疑、报告和经验反馈机制。

6. 质疑态度

倡导对安全问题严谨质疑的态度。

7. 报告机制

建立机制鼓励全体员工自由报告安全相关问题，并保证不会受到歧视和报复。

8. 经验反馈

建立有效的经验反馈体系，结合案例教育，预防人因失误。

二、核安全文化的组成

核安全文化包含在意识层面始终坚持"安全第一"等观念的无形部分和它的有形导出。核安全文化的有形导出即安全文化的表现，它由两个主要方面组成。第一是由组织政策和管理活动所确定的安全体系，第二是个人在体系中的工作表现。成功取决于上述两个方面对安全的承诺和能力。这就强调安全文化既是态度问题，又是体制问题，既和组织有关，又和个人有关。

核安全文化对组织和个人的要求体现在对组织中不同层次的人员的要求，具体包括决策层、管理层和执行层三个层面，如图 1-1 所示。

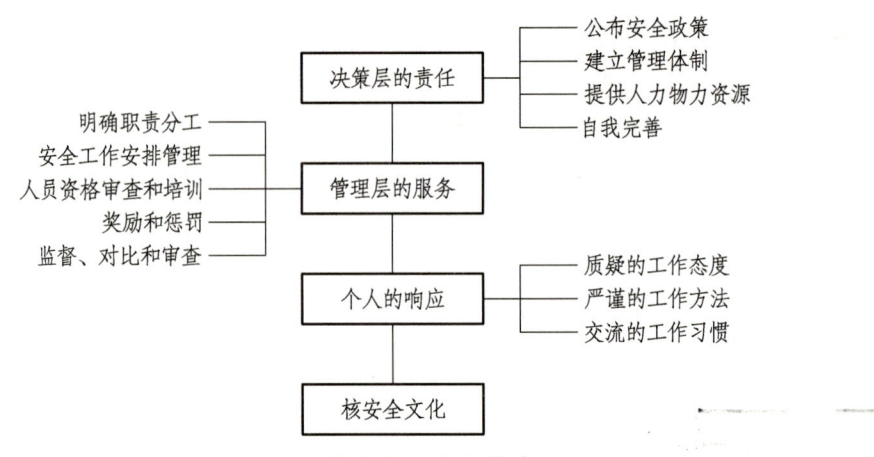

图 1-1　核安全文化的组成

1. 决策层的要求

无论是政府层面还是单位层面，决策层推行的政策创造了工作的环境，支配着每个人的行为。对决策层的要求如下：

（1）公布安全政策。

所有与核安全相关的单位都要发布安全政策声明，将其所承担的职责公之于众，让人人明白。该声明就是全体工作人员的行动指南、并宣告该单位的工作目标和单位管理人员对核电站安全的公开承诺。

（2）建立科学的管理体系

在制定政策、设置机构、分配资源、建设基础设施等环节中充分考虑安全因素。政府建立健全科学合理的体制、严格的监管机制、高效的审评模式、完备的监督检查程序；营运单位首先要在安全事务方面有明确的责任制。这要求在文件上明确责任，通过建立清晰的汇报渠道，尽量简化接口，使从事核电站安全事务的各单位之间有极其明确的权限。在确保计划、进度、成本等方面的任何考虑不能凌驾于安全之上，并开展过程评价和优化改进、持续提升安全标准。在对核电站安全有重大影响的单位内部，要设立独立的安全管理部门，由它负责对核安全活动进行监督。此外，各涉核相关单位还应创建和谐的公共关系。通过信息公开、公众参与、科普宣传等公众沟通形式，确保公众的知情权、参与权和监督权。

（3）提供人力物力资源。

决策层要确保安全所需的充足的人力和物力资源，特别是必须拥有足够的有经验的员工，并辅以必要的顾问或合同承包人。要建立科学的人事管理体制，保证把有能力的人员及早提拔到关键岗位上去。要保证有足够的培训人员和经费。保证所有的员工在从事与安全有关的工作时配备必要的设备、装置和各种技术手段。为保证他们能有效地完成工作，员工的工作环境要好。

（4）决策层不断的自我完善。

作为一项安全管理政策，各单位经理们都应该对与核电站安全有关工作进行定期审查。审查的内容主要包括人事安排、学习型组织的培育、运行经验反馈以及对设计变更、核电站修改和操作程序的管理。

（5）决策层的承诺。

要求决策层当众宣布承诺，使众所周知。这些承诺说明了公司在社会责任方面的立场，并表明了公司在安全方面的坦诚意愿。最高层要以个人名义表明他们的承诺，即他们要关注与核安全有关的工艺过程并定期审查，一旦出现对核安全和产品质量有较大影响的问题时，他们要直接过问，还要经常向员工讲述安全和质量的重要性。特别地，核电站安全是单位最高层会议上的重要议题。

2. 管理层的要求

核电站管理层要负责企业安全政策和目标的具体实施。对其安全职责的具体要求如下：

（1）明确职责分工。

特有的、清晰的授权制度可以使每个人职责分明，每位员工可充分了解各自的职责以及上下级的职责。

（2）安全工作的安排与管理。

各部门经理应确保高标准严要求地完成各项与核安全相关的工作。为了保证工作能够按照规定进行，各部门经理应建立一套监督和管理制度，强调文明生产。安排工作时要保障员工适当的工作时间和劳动强度，并努力营造相互尊重、高度信任、团结协作的工作氛围，客观公正地解决冲突矛盾。各部门经理还应倡导对安全问题严谨质疑的态度，建立全体员工自由反映和报告安全相关问题并且不会受到歧视和报复的保障机制；管理者应及时回应并合理解决员工报告的潜在问题和安全隐患。

（3）对人员资格的审查和培训。

各部门经理应确保每一位员工都能充分胜任自己所承担的工作。首先人员招聘和任命程序要保证工作人员在才智和文化程度方面具有令人满意的初步资格，其次还要保证人员的培训和定期复训。对人员技能的评价是培训不可分割的一部分，对于核电站运行中的关键岗位人员是否称职的判断，还应考虑生理和心理等方面的因素。

（4）奖励和惩罚。

各部门经理应该鼓励那些在核安全方面有突出表现的人，并给予一定的物质奖励。在营运核电站的过程中，注意奖励制度不只是基于产值，而且要与安全生产联系起来。当发生差错时，注意力不要过多地放在错误本身，而应更注意从中吸取经验教训。然而，对于重复出现的问题或严重失误，经理们要负责采取纪律措施，否则会危及安全，但具体做法要慎重，处罚不应导致人们隐瞒错误。

（5）监督、对比和审查。

各部门经理在贯彻质量保证措施以外，还要负责实施一整套监察或监督措施，例如对培训计划、人事任命程序使用、工作方法、文件管理和质量保证体系等的定期审查。此外，还可以通过查阅内部关键绩效指标与外部或其他核电站的绩效指标进行对比来评估自身的安全绩效。

（6）承诺。

通过以上途径，各部门经理不仅仅以行动表现他们对安全的承诺，还促进了员工的安全素养。

3. 执行层的要求

执行层主要包括基层管理干部和执行人员。他们是直接从事具体的，特别是与核安全相关的工作。因此，对他们的要求也更加具体。

（1）质疑的工作态度。

质疑的工作态度也称"探索精神"，凡在核安全工作中取得优异成绩者，都具有质疑的工作态度。质疑的工作态度要求每位员工凡事都要问为什么，不放过任何蛛丝马迹。

（2）严谨的工作方法。

每个人都要采取严谨的工作方法，严谨的工作方法主要要求员工做到：看懂和理解工作程序；按程序办事；对意外情况保持警惕；出现问题停下来思考；必要时请求帮助；追求纪律性、时间性、条理性；谨慎小心地工作；切忌贪图省事。

（3）良好沟通的工作习惯。

人人都要明白，良好沟通的工作习惯对安全至关重要，其中包括从他人处得到有关信息；向他人提供有关信息，保持良好的透明度；汇报完成的工作结果；发现和报告任何异常；正确填写工作记录，无论是正常或异常情况；提出新措施改善安全，重视经验反馈。

第四节　核安全文化理念体系

核电安全文化理念体系是核电建设和运营中至关重要的一环，它涉及到企业及其员工对核安全的态度、行为规范和价值观等多个方面。以下是对核电安全文化理念体系的详细阐述。

一、核电安全文化理念体系的定义

核电安全文化理念体系是指核电企业在长期的生产实践中，形成的以核安全为核心的安全意识形态、思维方式、行为规范以及管理机制的总和。它强调将核安全放在首位，贯穿于核电企业的所有活动中，确保核电设施的安全运行，保护人员、公众和环境的安全。

1. 核电安全文化理念体系的核心内容

（1）核安全至上的原则：

核安全被视为核电企业的最高原则，一切生产活动都必须以核安全为前提和保障。

强调"永远不要认为自己最好，永远将安全放在第一位"的红线意识。

（2）全员参与的安全文化：

核电安全文化不仅是领导层的责任，更是全体员工的共同责任。

倡导全员参与，通过思想教育、制度规范、环境熏陶等方式，积极培育和发展核安全文化。

（3）以质量为核心的安全理念：

核电建设企业应建立以"质量"为核心的安全文化理念体系，强调预防问题、正确工作、一次做对、精益求精。

强调安全第一、质量第一，确保核电设施在设计、建设、运营等各个环节都达到最高的安全标准。

（4）五个"零宽容"政策：

对于发生或发现质量事故隐瞒不报的，绝不宽容。

对于质量达不到设计标准而未按不符合项要求彻底处理的，决不宽容。

对于发生事故却没有找出根本原因并采取有效预防措施的，决不宽容。

对于违反安全规章、野蛮操作的，决不宽容。

对于在工地内闹事、偷盗、破坏的，决不宽容。

2. 大团队文化的突出表现

核电站是一个庞大而复杂的系统工程，涉及门类繁多的合作单位。

核电安全文化需要超越合同关系、跨单位的大团队文化来维系，确保核电工程项目管理系统的有效运转。

核电安全文化理念体系是核电建设和运营中至关重要的一环，它涉及到企业及其员工对核安全的态度、行为规范和价值观等多个方面。

（1）企业使命——强核强国，造福人类。

核工业肩负着强核强国与和平利用原子能、确保 国家能源安全的使命任务。新时代，核工业将持续推动以科技创新为核心的全面创新，深入实施以科技创新为驱动的发展战略，实现安全发展、创新发展，为国民经济和社会发展、实现中国梦，积极贡献力量，造福全人类。

（2）企业愿望——国际核科技发展的引领者。

核工业是高科技战略产业，是助推我国科技强国建设的重要先导和支撑。加快建设先进核科技工业体系，实现产业布局更加优化、国际水平进一步提高、经营能力全面提升，做强做优做大，把我国建成核强国。

（3）企业核心价值观——责任、安全、创新、协同。

① 责任。认真履行政治责任、经济责任、社会责任，竭尽全力为国家、民族和人类做出应有贡献；认真履行对客户负责、为客户创造最大价值的责任；追求员工与企业共成长，努力实现员工对美好生活的向往。

② 安全。严格遵守《中华人民共和国核安全法》，奉行"理性、协调、并进"的核安全观；始终坚持安全第一，努力完善安全生产体系，将核安全文化融入生产经营各个环节，不断提高企业生产经营的安全性；严格遵守规章制度，明确安全责任，重视识别和努力消除各种安全隐患，提高员工的安全防范能力，实现本质安全；为客户提供安全可靠的产品和服务，为员工创造健康、安全的工作环境，为社会营造安全和谐的发展环境。

③ 创新。始终保持高度的事业热情，创新求变，创造性开展工作，敢于挑战更高水平的目标；大力倡导自主创新意识，健全创新机制，鼓励创新行为，努力营造开放包容的创新；重视基础创新，积极探索核科技领域的核心技术；坚持创新与实践应用相结合，努力把创新成果转化为实际的生产力。

④ 协同。倡导各单位之间、产业链上下游之间、各部门之间相互配合与紧密协作；提倡员工把同事当作事业伙伴，在工作中相互支持、主动协作、相互补位；有大局观，个人融入集体、服从服务于大局，把公司利益置于个人利益、部门利益等一切局部利益之上。

（4）企业精神——"两弹一星"精神"四个一切"核工业精神。

① "两弹一星"精神：热爱祖国，无私奉献，自力更生，艰苦奋斗，大力协同，勇于登攀。

② "四个一切"核工业精神：事业高于一切，责任重于一切，严细融入一切，进取成就一切。

（5）经营理念——以客户为中心。

为客户服务是企业存在的根本理由，用心为客户服务，为客户创造价值，是我们一致的追求。把以客户为中心的理念贯穿于市场、研发、销售、制造、服务等全业务流程；主动了解、迅速满足客户需要，为客户交付高质量的产品和服务；讲求信用，严格遵守商务约定，对客户有效履约。

（6）人才理念——人才优先。

坚持以人为本，遵循社会主义市场经济规律和人才成长规律，破除束缚人才发展的思想观念，建立利于人才成长发展的体制机制。尊重与关爱员工，为员工发展营造良好的成长发展环境，建成新时代有理想、有能力、有动力、有活力的人才队伍。

（7）安全理念——安全是核工业发展的生命线。

以总体国家安全观为大局，坚持从高从严标准，管控全链条全过程，提高从严监管能力，推动核事业持久安全的健康发展。牢固树立以人为本，把不以牺牲生命为代价作为一条不可逾越的红线。培养核安全文化，牢固树立"人人都是最后一道屏障"的理念，建立科学、系统、主动、超前、全面的安全隐患排查体系，使安全防范工作一环扣一环，防患于未然。

（8）环保理念——尊重自然绿色发展。

推行清洁生产、节约生产、绿色生产。注重持之以恒的技术探索，不断创新优化生产方式，减少对环境的危害，为天更蓝、水更清的生态文明建设贡献"无限核力"，实现企业与自然环境的和谐共生。倡导全体员工选择利于环保的绿色生活方式。

（9）质量理念——质量创造价值，质量成就品牌。

以高度的主人翁责任感，对工作认真负责，绝不弄虚作假。严格遵守质量规范，确保工作质量。力图精益求精，持续改进，不放过任何缺陷和瑕疵。追求以高质量、高技术的产品回报国家和社会，为提升国家的综合实力和实现人民美好生活向往作出贡献。

（10）廉洁理念——追求高尚情操，严守纪律底线。

始终把事业和责任摆在首位，克己奉公，甘于奉献。遵行廉洁自律的道德标准，清白做人，干净做事，做到公私分明。严格遵守国家法律和公司的规章纪律，遵循和维护社会公序良俗。

（11）核安全的四个"凡事"。

核安全文化既是态度问题，又是体制问题，既和单位有关，也和个人有关，是核电建设人员共同的价值取向和行为方式。

核电站任何问题在某种程度上都源于人为错误。核电站超过50%的安全重大事件是人为因素导致。核安全文化作为一项基本管理原则加以推广，以防止和减少人因错误。当每个人都致力于"减少或防止人为错误，充分发挥人的积极影响"这一核安全共同目标时，才能获得最高水平的核安全，因此核安全文化强调个人行为的体现。具体到个人，体现核安全文化需要在方方面面下功夫，总结成一条的话就是在日常的工作中要做到"四个凡事"。

① 凡事有章可循。每一项工作、每一项施工都要依据相关方案程序来进行，个人经验不能凌驾于法定程序之上。已制定好的方案、程序都是经验的总结和积累，描述了完成某项工作的最合适和有效的方法，都是经过反复推敲并经过现场实践证明科学可行的，其中的一些程序更是建立在血的教训基础之上。按照程序执行会起到"事半功倍"的效果，而违反程序则往往会"事倍功半"，甚至造成严重后果。

很多核事故都是因为没有认真遵守安全方面的制度而造成的，很多典型事故都是人为原因造成的，如施工之前没有按照规定程序进行检查，施工过程中嫌程序麻烦、走捷径，导致人身受到伤害、设备遭到破坏，给公司造成极坏的影响与极大损失。

凡事有章可循，就避免事故苗头的产生。准备工作做好，预防工作做好，施工过程严格按照程序进行，安全质量自然能够保证。所以，为了保证整个工程质量与施工安全，也为了自身的安全，我们必须严格遵守各项工作程序及规章制度。

② 凡事有人负责。核电工程项目工程量巨大，技术复杂，施工单位众多，如在AP1000的建设过程中交叉施工频繁。为了完成这样一项工程，必须计划周密，分工细致，权责明确。只有将施工过程中的每一个环节都明确到人，每一个方面都有人负责，这样才能将计划的每一步落实到人来执行，形成一个完整的链条，按照计划去实现工程的总目标。

个人的力量是微弱的，一项工程没有团队的协作是不可能完成的。但是团队协作存在一个前提，那就是分工，根据个人的长处对工作进行合理的划分，每一项工作明确到人，这样能避免吃大锅饭的现象，大家各司其职，各自发挥特长，形成一股合力使团队往前迈进。有的团队因为内部关系没处理好，内部责任没有明确划分，致使面临工作交叉点时，出现人员扯皮现象，导致工作进行不下去或问题迟迟得不到解决。出现这样的情况就会影响工程质量，产生安全隐患。核电建设是一项系统的工程，环环相扣，任何一个小的环节出现问题，直接对后续施工产生连锁的影响，严重的就会出现安全问题。

在核电建设过程中，可能出现窝工、停工的现象，出现这种情况的原因一是工作划分不够细致，出现交叉盲点；二是人员责任心不强，没有主人翁的精神，碰到交叉工作便相互推诿，相互扯皮。

③ 凡事有人检查。从核电建设的工程准备到工程施工再到检查验收的每一个环节都有专人进行检查，通过检查来发现安全隐患，然后解决问题，保证质量。检查是很重要的一个环节，除了制度上的常规检查，如 QC 检查等，我们也应经常对自己的工作进行自查和总结，检查出工作中的不足以及时纠正或改进，有效避免造成进一步的影响和损失，也有助于我们形成质疑的工作态度和严谨的工作作风。

很多高空坠落事故就是因为施工现场没有进行安全隐患自查。高处平台不规范，不按规定系挂安全带等，虽然安全制度对这些方面已经做了明确规定。造成类似事故的原因除了施工人员安全意识淡薄之外，很重要的一点就是施工前和施工过程中没有进行严密细致的检查，包括安全人员全程的检查和施工人员自身对工作环境的检查。

④ 凡事有据可查。任何工作都要有详细记录，形成的资料、文件要妥善保存。这样当有值得推广的做法可以查看原始资料进行提炼，出现了问题可以查找原因、分清责任并进行整改，总结经验教训以避免再次发生类似问题。

3. 核电安全文化理念体系的实践

（1）建立核安全管理体系：

在机制层面建立核安全管理体系，促使核安全文化贯穿于核电建设的每个环节、融入质量管理的方方面面。

贯彻"纵深防御"思想，完善质量管理体系；贯彻"过程控制"思想，完善绩效改进体系；贯彻"持续改进"思想，建设经验反馈体系。

（2）提升员工安全文化素养：

加强员工的安全教育和培训，提升员工的安全文化素养和操作技能。

通过言传身教、做出表率等方式，将"安全第一"的理念传达到全体员工。

（3）营造核安全文化氛围：

通过开展核安全文化宣传贯彻推进专项行动、建立核安全文化评估机制等方式，营造人人有责、人人参与、全行业全社会共同维护核安全的良好氛围。

核电安全文化理念体系是核电企业保障核安全的重要基石。通过构建以核安全为核心的安全意识形态、思维方式、行为规范以及管理机制，核电企业能够确保核电设施的安全运行，保护人员、公众和环境的安全。同时，核电安全文化理念体系的建设也需要全社会的共同参与和努力,形成共建共享的良好局面。

第五节 核电站安全保障措施

核安全工作必须坚持安全第一、预防为主、责任明确、严格管理、纵深防御、独立监管、全面保障的原则。简单来说,其中的安全第一,要求在核电站各项工作中,特别是核安全与其他问题产生冲突时,始终把核安全作为第一出发点。预防为主,就是对影响核安全的人员、机具、材料、方法和环境实施全过程全面监控,把事故隐患消灭在萌芽状态。纵深防御是我国政府针对核电站潜在的人为失误及设备故障提出的保证核电站安全的措施,纵深防御贯穿于核电站选址、设计、建造、运行和退役的全过程,我国核电站纵深防御措施包括四道屏障和五道防线。

一、核电站选址的安全性

选择适合建造核电站的地理位置,是核电工程的第一个环节,也是核电安全管理的起点。选择厂址时既要考虑到厂址地质、地理、气象等自然环境因素对核电站安全的影响,也要考虑核电站周围自然和人文环境对核电站安全的影响。

1. 选址原则

核电站的选址需要遵循一系列严格的原则,以确保其安全性和合理性。这些原则主要包括:

(1)地质稳定性原则:

核电站应建在地质结构稳定、抗震强度高的地区,避开地震、火山等自然灾害多发地带,以防止地质灾害对核电站造成破坏。

(2)水源安全原则:

核电站需要大量的水源用于冷却系统,因此选址时必须考虑水源的可靠性和安全性,确保水源充足且不受污染。

(3)社区影响原则:

核电站的建设会对周围居民的生活产生一定影响,如噪声、辐射等。因此,选址时应选择人口密度较低、离主要人口居住区域较远的地区,以减少对居民的影响。

(4)生态环境原则:

核电站的建设需要保护生态环境,选址时应选择对环境影响较小的地区,避免对自然生态造成破坏。

2. 选址要求

(1)地质条件:

核电站所在地区的地质条件必须稳定,无断裂带通过,地下水位较低,以确保核电站的基础稳固。

（2）水源条件：

核电站应靠近水源，最好靠近海洋或其他大型水体，以便于冷却系统的运行。同时水源的质量必须符合要求，以防止对核电站造成污染。

（3）气象条件：

核电站的选址应避开极端气象条件频发的地区，如台风、龙卷风等。同时，选址地区应有固定的主风频，以便于核电站排放的废气容易消散。

（4）人口密度：

核电站应建在人口密度相对较低的地区，以减少潜在的公众伤害和影响。同时，核电站与周围城镇和大城市应保持适当的距离。

（5）电力输送：

核电站的电力输送应便捷高效，以满足周边地区的电力需求。因此，选址时应考虑电力输送的便捷性和经济性。

3. 选址过程

（1）厂址查勘：

确定一个或若干个优先候选厂址，并对这些厂址进行系统的筛选和比较。

（2）厂址评价：

对一个或多个优先候选厂址进行调查与评价，从安全的观点出发证明厂址的可接受性。同时初步确定与厂址有关的设计基准。

运行前准备：完成和完善厂址特征的评价，并对前阶段相关结果进行验证与核实。确保选址符合所有安全要求和规定后才能开始建设。

为了防止放射性物质的意外泄漏，核电站选址对地质、地震、水文、气象等自然条件和工农业生产及居民生活等社会环境都有严格到近乎苛刻的要求。这些要求已经以法规的形式确定下来，只有满足要求的厂址，才有可能得到国家核安全监管部门的批准。

在选址过程中要研究调查的包括：人口密度与分布、土地及水资源利用、动植物生态状况、农林渔养殖业、工矿企业、电网连接、地形、地震、海洋与陆地水文、气象等历史资料和实际情况。采用的方法也是"兴师动众"的，包括卫星照相、航空测试、地面测量、地下勘探、大气扩散试验、水力模拟试验、理论模型计算等。

二、核电站纵深防御措施

1. 四道安全保护屏障

为保障公众和环境不受核电站放射性物质的伤害和污染，核电站反应堆设置了四道安全保护屏障，只要其中有一道是完整的，放射性物质就不会泄漏到厂房以外。核电站的四道安全保护屏障是确保核电站安全运行、防止放射性物质泄漏的重要措施。这四道屏障分别是：

（1）燃料芯块。

燃料芯块是核电站中最基本的安全屏障，主要由烧结的二氧化铀陶瓷基体构成。它的大部分微孔不与外界相通，因此能够有效地将核裂变产生的绝大多数放射性物质滞留在芯块内部。

作用：作为第一道屏障，燃料芯块直接封装了核燃料，防止了放射性物质在核反应过程中的直接释放。

（2）燃料包壳。

燃料包壳通常是由锆合金制成的管子，将燃料芯块叠装并密封在其中，形成燃料元件棒。

作用：燃料包壳作为第二道屏障，进一步将核燃料及其裂变产物封闭起来，防止放射性物质进入反应堆的一回路水中。

（3）压力容器（压力壳）。

压力容器是一个钢质容器，壁厚可达 20 cm，用于封闭由核燃料构成的堆芯。压力容器和整个一回路系统都是耐高压的。

作用：作为第三道屏障，压力容器能够承受高温和高压，确保反应堆冷却剂不会泄漏到反应堆厂房中，从而防止放射性物质外泄。

（4）安全壳。

安全壳是核电站的最后一道屏障，通常是一个高大的预应力钢筋混凝土构筑物，壁厚约 1 米，内表面还加有 6 mm 厚的钢衬。

作用：安全壳不仅具有良好的密封性能，还能承受极限事故引起的内压和温度剧增。此外，它还能抵御外部破坏，如龙卷风、地震、小型飞机的撞击等。在最严重的事故情况下，安全壳能够防止放射性物质的外泄，保护公众和环境的安全。

这四道安全屏障共同构成了核电站的严密防护体系，只要其中有一道屏障是完整的，就能有效地防止放射性物质的外泄。同时，核电站还配备了各种安全系统和应急设施，以应对可能发生的各种异常情况，确保核电站的安全运行。

2. 纵深防御的五道防线

（1）第一道防线：

精心设计，精心施工，确保核电站的设备精良。有严格的质量保证系统，建立周密的程序，严格的制度和必要的监督，加强对核电站工作人员的教育和培训，使人人关心安全，人人注意安全，防止发生故障。

（2）第二道防线：

加强运行管理和监督，及时正确处理不正常情况，排除故障。

（3）第三道防线：

设计提供的多层次的安全系统和保护系统，防止设备故障和人为差错酿成事故。

（4）第四道防线：

启用核电站安全系统，加强事故中的电站管理，防止事故扩大。

（5）第五道防线：

厂内外应急响应计划，努力减轻事故对居民的影响。

综上所述，核电站的纵深防御措施是一个多层次、多环节的系统工程，它涵盖设计、建造、运行和维护等各个方面。通过采取这些措施可以确保核电站在各种工况下都能保持安全稳定运行并有效防止放射性物质外泄对环境和公众造成危害。

◆ 课后练习

1. 什么是核安全文化？
2. 核安全文化的三个层次有哪些要求？

第 2 章

核能与核电站认知

核能是高效、清洁、安全的能源形式,核能发电的场所叫做核电站。人们为什么会想到利用核能发电呢?核电的起源是怎么回事呢?核能是怎么发电的呢?核电站是怎么构成的呢?通过本章的学习,我们将解答以上问题。

◆ **知识目标**

(1)了解世界核电的发展历程与现状。
(2)了解中国核电的发展历程与现状。

◆ **能力目标**

(1)思考世界各国核电发展不同的原因。
(2)分析中国核电的发展趋势。

核电、水电、火电是目前重要的三大电力来源,核电是仅次于水电的低碳电力。核电是人们重要的清洁、低碳、安全、高效的能源形式,在能源转型、能源安全、环境保护、解决气候变化等问题中发挥着极其重要的作用。

第一节 世界核电发展历程

一、核电应用的起源

核能发现于 19 世纪末期。1895 年德国物理学家伦琴发现 X 射线为核能的发现奠定了基础。几十年间,科学家们通过不断努力,原子核逐渐被人们熟知。核能的发现过程如图 2-1 所示。

图 2-1　核能发现过程

核能在军事上的表现让人震惊。根据科学的相对性和绝对性，经过科学家的不断探索，核能逐渐应用在其他领域，变成和平的产物。1942 年美国核物理学家恩利克·费米和他的团队建造了世界第一个核反应堆，标志着人类和平利用原子能的开端。1951 年美国爱达荷州的 EBR-1 实验增殖反应堆首次实现核能发电。1954 年，世界第一座商用核电厂奥布宁斯克核电站在苏联建成，核能正式应用于发电领域。随后美国、英国等国家也开始建立核反应堆，核能逐渐被人们接受，人们迎来了和平利用核能的时代。

二、核电的发展阶段

核电起源于 20 世纪 50 年代，发展至今主要经历了四个阶段，见表 2-1。

表 2-1　世界核电发展阶段

发展阶段	时间	发展情况
试验示范阶段	1954—1965 年	这一阶段是各国核电建设的实验起步阶段，世界各国均在试验和建设早期的核电站，如苏联建成石墨沸水堆核电站、英国建成天然铀石墨气冷堆核电站、美国建成原型压水堆核电站、加拿大建成天然铀重水堆核电站，还有法国、德国、日本等国家也相继建成核电站
高速发展阶段	1966—1980 年	这一阶段是核电站发展的成熟阶段，由于全球石油危机的影响，各国核电建设进入增速期。这阶段美国建造了 500～1100 MW 的压水堆、沸水堆；苏联建造了 1000 MW 石墨堆和 440 MW、1000 MW 的 VVER 型压水堆；日本、法国引进和消化美国的压水堆、沸水堆技术。截至 1988 年，世界共有 242 个核电机组运行，装机容量达 319.5 GW

续表

发展阶段	时间	发展情况
滞缓发展阶段	1980—2000 年	这一阶段进入核电发展滞缓阶段，发达国家经济发展缓慢，电力需求下降，受美国三里岛事件和苏联切尔诺贝利核电安全事件影响，核安全要求提升，各国政府调整核电站的发展政策，核电发展缓慢，但亚洲国家如中国、日本等国家仍大规模建造核电站
开始复苏阶段	2001 年至今	这一阶段核电发展逐渐复苏，各国经济迅速发展，能源需求紧张，且全球气候变暖，保护生态环境成为各国高度重视的事件，作为绿色能源的核电获得了重生的机会。截至 2022 年底，全球在 32 个国家和地区共运行 437 台核电机组，总装机容量 3.94 亿千瓦

自第一座核电站建立至今已经过去七十年，核电技术由最开始的军用核电技术转为商用核电技术。随着核电的广泛应用，核电技术也在更新换代，现在世界主要使用的是第三代核电技术。核电技术的发展概况见表 2-2。

表 2-2 核电技术发展表

核电技术	时间	核电代表堆型	特点
第一代核电技术	20 世纪 50 年代～60 年代中期	天然铀石墨气冷堆，石墨沸水堆、轻水冷却石墨慢化堆，原型压水堆和沸水堆、天然铀石墨重水堆	第一代核电技术属于早期原型堆，主要是通过试验来验证核电在工程实施上的可行性。由于是实验阶段，设计比较粗糙，机组体积较大，发电容量不高（低于 300 MW），发电成本较高，没有安全管理标准，存在安全隐患
第二代核电技术	20 世纪 60 年代～90 年代	压水堆、沸水堆，石墨气冷堆、重水堆、石墨水冷堆、压力管式石墨水冷堆	第二代核电技术使用浓缩铀燃料，实现了商业化、标准化，建成了 440～1100 MW 的压水堆、沸水堆，单机组功率水平大幅提高，甚至达到 1.5 GW，反应堆寿命约 40 年。由于三里岛和切尔诺贝利核事故后安全性大大提升，经济性也得到提高

续表

核电技术	时间	核电代表堆型	特点
第三代核电技术	20世纪90年代至今	先进沸水堆、非能动先进压水堆、欧洲压水堆、经济简化型沸水堆。核电机型主要有AP1000、EPR、ABWR、APR1400、AES2006、ESBWR、CAP1400、华龙一号	第三代核电技术指满足美国"先进轻水堆型用户要求"（URD）和"欧洲用户对轻水堆型核电站的要求"（EUR）的压水堆型技术核电机组，提高了单机功率（1000～1500 MW）、延长反应堆寿命至60年、缩短建设周期（不大于54个月）、降低了建造成本、缩短停堆换料时间，且安全性更高
第四代核电技术	21世纪至今	超高温气冷堆、气冷快堆、钠冷快堆、熔盐堆、超临界水冷堆和铅冷快堆	第四代核电技术是2000年美国等10个国家在"第四代国际核能论坛"于2001年签约研发的技术。其主要特点是经济性更好，安全性更高、减少核废料，降低核电站建造和运营成本，控制核扩散。2021年12月20日，中国科技重大专项"华能石岛湾高温气冷堆核电站示范工程1号反应堆"首次并网发电，这是全球首座具有第四代先进核能系统特征的球床模块式高温气冷堆

2022年，全球有6台核电机组实现首次并网，总装机容量为7.889 GW，其中5台核电机组采用了第三代核电技术。早期的二代核电技术正在陆续退出核电历史舞台。2022年，全球有8台核电机组实现核岛浇筑第一罐混凝土，正式开工建设，全部采用第三代核电技术，第三代核电技术将成为全球未来一段时间内开工建设的主要技术。

三、世界核电发展的现状

自从人类和平利用核能以来，核电作为清洁、安全、高效的能源形式受到各国青睐，尽管发生了美国三里岛、苏联切尔诺贝利、日本福岛等核事故，人们仍然没有对核能丧失信心。为了应对全球气候变暖等现象，清洁、低碳能源成为各国考虑的重要能源形式。下面对主要国家核电发展情况进行介绍。

（1）俄罗斯。

俄罗斯是核能大国，2022年俄罗斯核能发电量达223.371亿千瓦时，创历史新高，核电发电量在其电力结构中的占比约为20%。2009年俄罗斯发布《俄罗斯2030年能源战略》；2022年2月俄罗斯宣布为新核能项目拨款约1000亿卢布；同年10月，俄罗斯批准了国家绿色项目分类法。

（2）美国。

美国是全球在运核电机组和装机容量最大的国家，拥有104个核电机组。2022年美国核能发电量为8121.44亿千瓦时，占全球的比重为30.3%，高居全球第一位。美国的核电技术一直领先其他国家。由于发生过三里岛核事故，从安全和成本考虑，美国减少了核电站的建设，自1990年以来，美国仅有3座新建核电站投入运营。2021年1月，美国能源部核能办公室发布了《战略远景》报告，概述了支持美国现有核电机组、示范核能技术创新和探索新市场机会的战略，是推进核能科技以满足美国能源、环境和经济需求的任务蓝图，支持美国核能技术发展。2023年7月31日，美国佐治亚电力公司宣布位于奥古斯塔东南部沃格特尔工厂的3号机组已完成测试，现已可靠地向电网供电。

（3）法国。

法国是全球电力结构中核能发电占比最高的国家，核能发电占比约70%。20世纪70年代，受石油能源危机的影响，法国大力发展核电，但高昂的运营成本几乎拖垮法国国营电力公司，法国逐渐淡化核电，寻找其他可再生能源。2021年法国宣布大规模重振核电计划。2023年3月法国通过了《加速核能发展法案》，并取消了2015年设定的"到2035年法国核电占比不超过50%的上限"的目标。目前法国境内共有58座在运行核电站，总装机容量达61GW。

（4）英国。

英国是第二个通过建设科尔德霍尔反应堆以实现核电商业开发的国家。1956年，世界上第二座商业核电站在英国投入运行。2022年英国退役了3台采用改进型气冷堆技术的机组，总装机容量1.95 GW。核电在英国能源份额中的占比约为16%。2022年英国发布了《能源安全战略》，确定了将采用安全、清洁和新一代核反应堆的计划，该战略的目标是开发8个新的大型核电项目，并新建多座模块化小堆。到2050年，英国核电总装机容量预计将达到24 GW，约占英国预计电力需求的25%。

（5）日本。

福岛核事故前，日本在运核电机组为60台，总装机容量49 GW。福岛核事故后，日本对国内的全部核电机组进行停堆检查。由于受能源危机影响，2019年4月，日本政府决定在福岛第一核电站重新启用两个核反应堆，这也是自2011年福岛核事故之后日本首次重启核电站。重启核电站主要是为了缓解电力短缺，同时实现能源结构多元化。据央视财经报道，日本国内现存最老的核电机组高滨核电站1号机组，将时隔12年重新启动。

四、世界核电发展的趋势

核能是一种相对理想的新型能源，具有减少温室气体排放、替代其他具有污染性燃料能源的优势。随着全球对环境保护的重视，未来对核能发电的需求会逐渐凸显。

（1）核电技术不断完善。

现在第三代核电技术已经成为核能发电的主流技术，不少国家正在加紧研发和利用第四代核电技术。核能发电设备也将得到不断改进，发电效率也将逐步提高，在应对能源危机中核能发电也将发挥越来越重要的作用。高温气冷反应堆技术、核废料再处理技术和核聚变技术等，都是未来核能发电的发展方向。

（2）能源需求不断增长。

受外部环境如新冠疫情、各国局势不稳定等因素影响，许多国家对能源的需求不断增长。核能发电可以提供大量稳定、可靠的能源。依靠核能发电，不仅可以实现更高的电力效率，还可以更有效地利用反应堆的能量，将其用于工业、农业等其他应用领域，实现对温室气体排放的控制，有效解决能源短缺问题。

（3）核能发电运营成本不断降低。

目前，核能发电技术已经成熟，运行成本也相比其他能源有了明显降低，这减少了各国应用核能发电成本。随着新技术的不断研发和推广应用，核能发电的运营成本还在不断降低，使得投资成本和运营成本更为可控，从而更好地促进核能发电在全球范围的发展。

（4）核电安全性不断提高。

随着核能技术的不断发展，核电站的安全性和可靠性也越来越高，核能发电成为了一种安全的能源。一些国家甚至把核能发电作为重点发展的一个产业，提高核电站的规模和数量。

（5）各国核能使用政策不断完善。

为促使核能发电迅速发展，很多国家颁布了更加科学合理的发展政策，新的核电站建设模式更加灵活，更多民用机构参与其中，得到更多资金支持，同时建立了更加严格的安全评估机制，保证了核电安全运行。

总之，由于各国对环境污染的关注度越来越高，因大量含碳能源消耗导致的环境问题日渐凸显。为了减少碳排放，核能作为一种低碳能源成为发电的重要选择。目前核电技术逐渐成熟，核反应堆生命期缩短，核电能源的利用流程得到极大提高，未来核能发电具有更高的能源利用率、环保优势及其安全性，使其具有可持续发展的潜力，其未来发展趋势值得期待。

第二节　我国核电发展历程

1991年12月15日，我国建成的第一个核电站——秦山核电站一期首次并网发电，宣告我国终于拥有了自己的核电站。

一、探索阶段（1955—1970年）

1955年1月，毛泽东同志主持中共中央书记处扩大会议，作出了发展我国核工业的战略决策。我国第一个核电计划"581"工程，代表1958年第一号工程，计划利用中苏合作的契机，引进技术建设一座石墨水冷堆核电站。但由于后来中苏关系破裂，"581"工程被迫停止。第二个核电计划是"820"工程，是清华大学提出的 50 MW 熔盐增殖堆核电站，但前期研发不到位，材料、技术和工艺不成熟，被迫停止。

二、起步阶段（1970—1993 年）

我国核电真正起步是在 20 世纪 70 年代初。1970 年 2 月，周恩来总理在听取上海市关于解决战备电源问题的汇报后说："从长远看，要解决上海和华东用电问题，要靠核电"。随后上海市启动了代号为"728"的核电建设筹备工程。1974 年，周恩来总理主持会议批准了 300 MW 压水堆核电站方案，1982 年国家建委批复同意将厂址定在浙江省海盐县秦山。1984 年，中国第一座自主设计和建造的秦山核电站开工建设。1991 年 12 月 15 日，该电站成功并网发电，结束了中国无核电的历史。

三、发展阶段（1994 年至今）

1. 适度发展阶段（1994—2005 年）

截至 2004 年底，我国新建成了秦山二期 2 台自主设计压水堆机组、岭澳一期 2 台法国压水堆机组、秦山三期 2 台加拿大压水堆机组，共 6 台机组并网发电。装机容量为 6.96 GW，初步形成广东大亚湾、浙江秦山两大核电基地。

2. 积极快速发展阶段（2006—2011 年）

对我国核电发展影响最为深远的事件是 2003 年开始的第三代核电国际招标，选中美国西屋电气的 AP1000 先进压水堆技术。我们消化吸收了其核电技术并形成了具有自主知识产权的第三代核电技术，随即启动山东海阳和浙江三门自主化依托项目，分别建设两台 AP1000 核电站。田湾核电站（图 2-2）1 号机组于 1999 年 10 月 20 日浇筑第一罐混凝土，2005 年 12 月 20 日反应堆首次到达临界，2007 年 5 月 17 日正式投入商业运行。2006 年《核电中长期发展规划（2005—2020 年）》明确指出"积极推进核电建设"，确立了核电在中国经济与能源可持续发展中的战略地位。

图 2-2　田湾核电站

3. 自主研发阶段（2011年至今）

2011年日本福岛核泄漏事件后，我国对所有在运行、在建设核电项目开展全面安全隐患大排查，制定更严格的安全标准，建立健全核应急综合体系。经过一系列自主研发与创新，中国核工业集团公司成功开发出ACP1000技术，中国广核集团开发出ACPR1000+技术。经过统筹部署，两公司在核电科研、设计、制造、建设和运行经验的基础上，充分考虑全球最新安全要求，研发出完全具有自主知识产权、自主品牌的GW级三代压水堆核电技术"华龙一号"。"华龙一号"采用177组燃料组件堆芯、多重冗余的安全系统和能动与非能动相结合的安全措施，能够满足国际原子能机构制订的安全要求。2014年8月总体技术方案通过国家能源局和国家核安全局联合组织的专家评审。国家科技发展规划重大专项大型先进压水堆CAP1400核电机型的研发，在消化吸收AP1000技术基础上，创新开发并经大量试验验证已完成技术设计并通过国家审查，工程选址山东荣成。在作为核电站主流的压水堆技术自主研发取得可喜进展的同时，属于第四代核电技术的高温气冷堆也于2012年启动了示范电站工程。2021年石岛湾高温气冷堆电站并网发电，标志我国拥有了第四代核电领先技术。

四、我国核电发展现状

中国核能行业协会于2023年4月26日发布的《中国核能发展报告2023》蓝皮书显示，截至2022年底，我国拥有商运核电机组54台，总装机容量56.82 GW，位居全球第三；在建核电机组24台，总装机容量26.81 GW，继续保持全球第一。我国核电装机规模进一步扩大，发电量增加，2022年核能发电占全国发电量的4.7%。

据国家统计局统计，2022年下半年和2023年上半年核电发电量总计4308亿kW·h（图2-3），同比增长9.2%，占全国总发电量的5.06%（图2-4）。

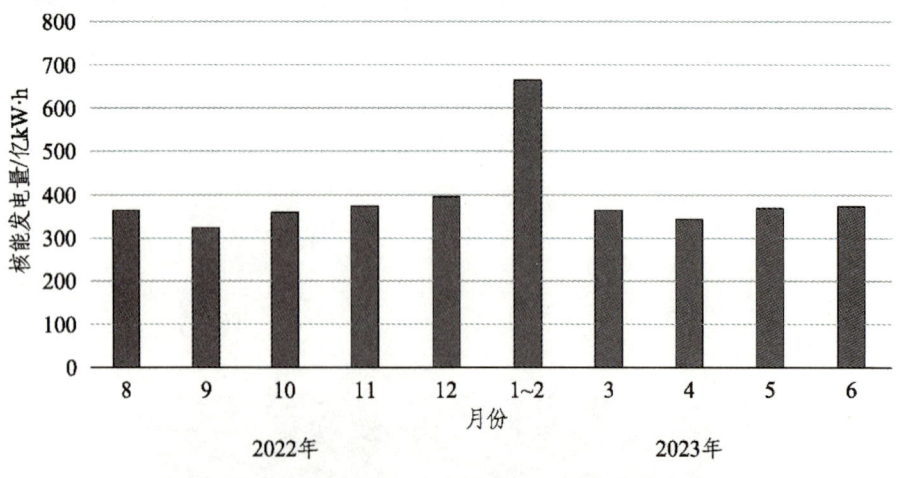

图2-3　2022年7月至2023年6月核电发电量

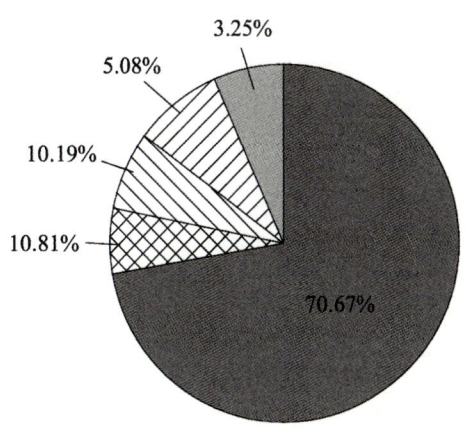

图 2-4 核能发电量占总发电量比例

根据《中国能源报》数据显示，截至 2023 年 6 月 30 日，我国大陆运行的核电机组共 55 台，装机容量 56 993.34 MWe（额定装机容量）。我国在运机组核电厂有秦山核电厂、大亚湾核电厂、福清核电厂、田湾核电厂等 17 个核电厂，见表 2-3。

表 2-3 各核电厂装机容量

核电站	在运机组/台	装机容量/MWe
秦山核电厂	1	350
大亚湾核电厂	2	1 968
秦山第二核电厂	4	2 640
岭澳核电厂	4	4 152
秦山第三核电厂	2	1 456
田湾核电厂	6	6 608
红沿河核电厂	6	6 712.74
宁德核电厂	4	4 356
福清核电厂	6	6 678
阳江核电厂	6	6 516
三门核电厂	2	2 502
方家山核电厂	2	2 178

续表

核电站	在运机组/台	装机容量/MWe
海阳核电厂	2	2 506
台山核电厂	2	3 500
昌江核电厂	2	1 300
防城港核电厂	3	3 359.6
石岛湾核电厂	1	211
总计	55	56 993.34

国家对核能发电产业进行了总体规划，我国的核能发电取得迅速发展，核能发电量在全国总发电量中的占比稳步提升，在节能减排中起着重要作用。据中国核能行业协会的数据显示，相较燃煤发电，2022年全国核能发电减少标准煤燃烧1.1亿吨，减排二氧化碳3亿吨，减排氮氧化物、二氧化硫180万吨，为推动降碳减排作出了重要贡献。核能发电已成为我国重要的低成本与高发电质量的发电方式，经济前景广阔。同时我国的核电一定要"走出去"，学习国外先进的核电生产技术，解决"卡脖子"难题，促进我国核电产业向自主化和先进化发展，提升国际影响力，保障我国核能产业始终位于全球前列。

◆ **拓展知识**

核能也称原子能，是原子核结构发生变化时释放出来的巨大能量，包括核裂变能和核聚变能两种主要形式。核裂变是指由重的原子核（主要是指铀核或钚核）吸收一个中子后分裂成两个或多个质量较小的原子的一种核反应形式。核聚变，即氢原子核（氘和氚）结合成较重的原子核（氦）的一种核反应形式。

核电站就是利用核裂变的链式反应产生的热能来进行发电的。链式反应是用中子轰击铀核，使铀核发生裂变，释放2～3个中子，这些中子又继续轰击其他铀核，导致其他铀核产生裂变（图2-5）。

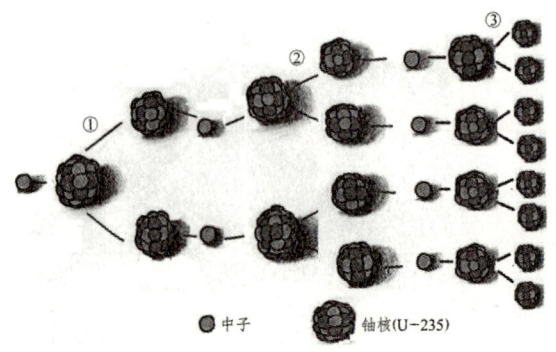

图2-5 核裂变链式反应

核能发电是一种利用核反应堆产生的热能，将水蒸气推动涡轮机发电的技术。以压水堆核电站为例，压水反应堆是以普通水作冷却剂和慢化剂。核燃料在反应堆中发生裂变，产生热量加热一回路高压水，一回路水通过蒸汽发生器加热二回路水使之变为蒸汽。蒸汽通过管道进入汽轮机，推动汽轮叶片旋转，通过电磁感应使发电机产生感应电流而发电，发出的电通过电网送至用户手中。整个过程的能量转换是由核能转换为热能，热能转换为机械能，机械能再转换为电能。核电站工作原理如图 2-6 所示。

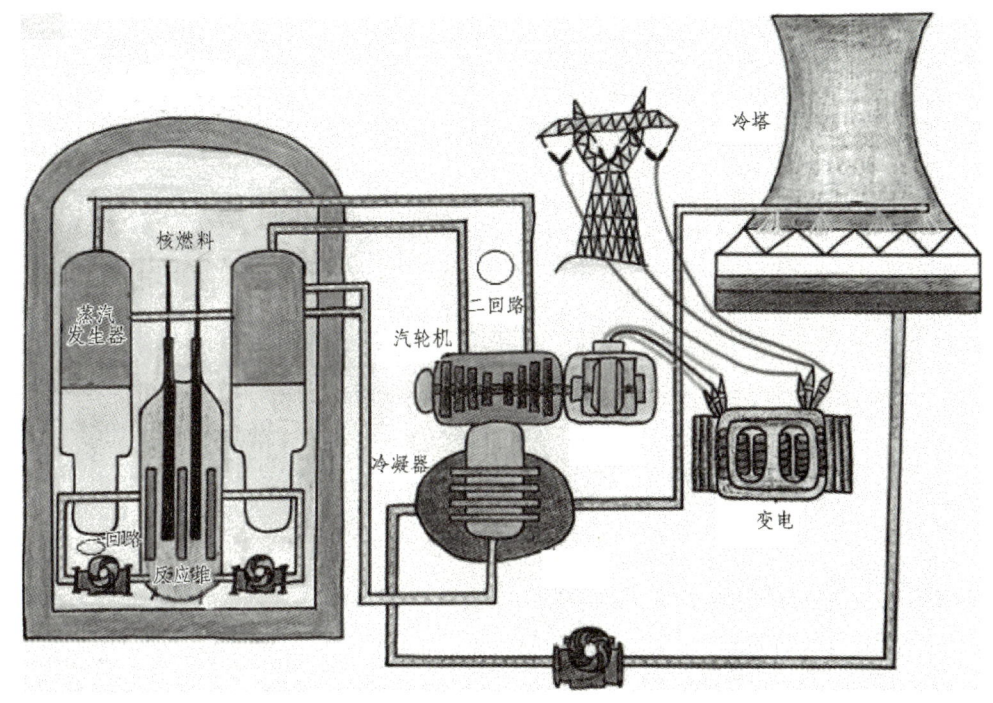

图 2-6　核电站工作原理

核能发电需要核燃料，核燃料一般使用放射性重金属铀和钚。铀是目前自然界中能找到的最重放射性元素，包括铀 234、铀 235 和铀 238，其中铀 235 是自然界唯一能够发生可控裂变的同位素。天然铀中只含 0.7%的铀 235。使用铀 235 时，需要将其他元素分离出去，提高铀 235 的浓度，加工成浓缩铀。根据国际原子能机构定义，丰度为 3%的铀 235 为低浓缩铀，用作核电站反应堆的燃料。铀 238 和钚 239 需要吸收中子产生核裂变后形成人工核燃料。

第三节　核电站类型及组成

核电站是指利用一座或若干座动力反应堆将原子核裂变的核能转换为热能，再转变为电能的动力设施。其工作原理与火力发电有相似之处，最大区别就是产生热能的材料不同，核电站是以核燃料在核反应堆中发生核裂变产生热量，火电是利用可燃物如煤等燃烧产生热能。核电站主要由核岛和常规岛组成。

一、核电站的类型

核电站反应堆根据使用的慢化剂进行分类，可分为轻水堆、重水堆、石墨堆三种。轻水堆按照反应堆内水的温度分为沸水堆和压水堆，除此以外还有不需要慢化剂的核反应堆为快中子增殖堆，简称快堆。常见的核电站反应堆型见表2-4。

表2-4 核电站反应堆型

反应堆型核电站	核燃料	慢化剂	冷却剂	特点
压水堆	2%～3%低浓缩铀	轻水	轻水	冷却剂不沸腾
沸水堆	2%～3%低浓缩铀	轻水	轻水	冷却剂沸腾，检修时停堆时间长，体积大，功率不稳定，控制复杂
重水堆	天然铀	重水	重水	燃料成本较低，但重水较贵
气冷堆	天然铀	石墨	二氧化碳、氦	体积大，造价高
改进型气冷堆	2.5%～3%低浓缩型铀	石墨	二氧化碳、氦	反应堆体积缩小，更换燃料简单，可在较高温度下运行，热效率较高
快中子堆增殖型	铀238、钚239	无	无	初期投资费用高

二、核电站的组成

核电站由核岛（NI）、常规岛（CI）、辅助配套设施（BOP）组成。

1. 核 岛

核岛是指核电站安全壳内的核反应堆及有关系统的统称，其功能是利用核裂变所释放的热能产生蒸汽。核岛主要包括核蒸汽供应系统、安全壳喷淋系统、辅助系统等。核岛厂房主要包括反应堆厂房（安全壳）、核燃料厂房、核辅助厂房、核服务厂房、排气烟囱、电气厂房和应急柴油发电机厂房等。

核蒸汽供应系统由一回路（反应堆冷却剂循环系统）及相连接的系统所组成。核岛设备主要包括反应堆压力容器、蒸汽发生器、稳压器、主泵、主管道、主泵、堆内构件、控制棒驱动机构等。

安全壳喷淋系统由两条独立的管线与喷淋泵、冷却器、喷头、换料水箱、阀门等设备组成。

辅助系统由设备冷却水系统、反应堆腔室和废燃料冷却系统、辅助给水系统、通风和空调系统、压缩空气系统、放射性废物处理系统组成。

2. 常规岛

常规岛是指由汽轮发电机组及其配套设施和相关厂房组成的总称。常规岛主要功能是将核岛产生的蒸汽的热能转换成汽轮机的机械能,再通过发电机转变成电能。常规岛厂房主要有汽轮机房、冷却水泵房和水处理厂房、变压器区构筑物、开关站、网控楼、变电站及配电所等。

常规岛包括汽轮发电机厂房和输电系统至主变压器终端,主要包括:

(1)汽轮发电机组、励磁系统、主蒸汽和主给水系统、凝结水系统、主给水及加热系统、电气和流体系统、辅助冷却系统、暖通空调系统、辅助配电系统、仪表和控制系统等,上述各系统的设备均安装在汽轮发电机厂房内。

(2)输电系统至主变压器的终端,包括:发电机引线、导管及其辅助设备,主变压器,高压单元厂用变压器,发电机断路器,测量和保护系统,接地系统。

(3)辅助配套设施。

辅助配套设施包括安全保护系统相关设备、消防系统相关设备、通信系统相关设备、废物转移容器及处理设备、变压器、母线等电器设备、装卸搬运设备等。

三、核电站安全防护措施

核电站的核安全是全球关注的重点。核电站必须具备严密的核安全防护措施,防止核燃料产生的放射性物质泄露到空气中。因此核电站设置了四道屏障:第一道屏障为燃料芯块,本身包含98%的核燃料和裂变后物质;第二道屏障为堆芯,作为燃料包壳,包壳由锆合金管或不锈钢管制成,内置核燃料芯;第三道屏障为压力壳,这是反应堆冷却剂压力边界,由一回路和反应堆压力容器组成。壳体是一层厚合金钢板(300 MW 压水堆的压力壳壁厚为 160 mm,900 MW 压水堆的压力壳壁厚超过 200 mm),其功用是万一燃料包壳密封损坏,确保放射性物质即便泄漏到水中,也仍然处在密封的一回路中,受到压力壳的屏障。第四道屏障为安全壳,安全壳是一座顶部呈球面的预应力钢筋混凝土建筑物,其壁厚约 1 m,内衬 6~7 mm 厚钢板。一回路的设备都安装在安全壳内,具有良好的密封性能,即使在严重事故情况下,如一回路管道损坏或地震等,也能确保放射性物质不致外泄,防止核电站周围环境受到核放射污染。核电站的核安全防护措施如图2-7所示。

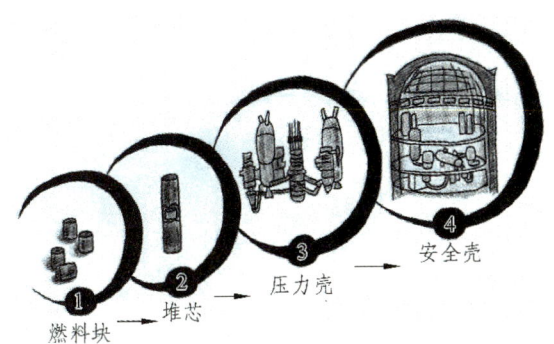

图 2-7 核安全防护措施

◆ 课后练习

一、选择题

1. 核能是通过（　　）释放出能量。
   A. 物理变化　　　　　　B. 化学变化　　　　　　C. 原子核变化

2. 自然界中天然铀含（　　）铀 235，丰度为（　　）的铀 235 可作为核电站反应堆燃料。
   A. 0.5%，5%　　　　　　B. 0.7%，3%　　　　　　C. 99.3%，2%

3. 1942 年（　　）物理学家恩里科·费米及其团队建成了世界第一座核反应堆。
   A. 美国　　　　　　　　B. 英国　　　　　　　　C. 德国

4. （　　）在相对论中提出质量与能量之间的当量关系（质能方程）$\triangle E=(\triangle m)c^2$。
   A. 爱因斯坦　　　　　　B. 玛丽·居里　　　　　　C. 哈恩

5. 第三代核电技术反应堆寿命为（　　）年。
   A. 40　　　　　　　　　B. 60　　　　　　　　　C. 80

6. 放射性元素镭是（　　）发现的。
   A. 居里夫人　　　　　　B. 查德威克　　　　　　C. 贝尔

7. 目前我国有（　　）个在运机组核电厂。
   A. 55　　　　　　　　　B. 24　　　　　　　　　C. 17

8. 目前核电站是利用（　　）链式反应发电。
   A. 核聚变　　　　　　　B. 核裂变　　　　　　　C. 核衰变

9. 被称为我国核动力事业的拓荒牛的科学家是（　　）。
   A. 邓稼先　　　　　　　B. 欧阳予　　　　　　　C. 彭士禄

10. 中国大陆第一座核电厂秦山核电厂首次并网发电的功率为（　　）。
    A. 900 MW　　　　　　B. 600 MW　　　　　　C. 300 MW

11. 我国第一座压水堆原型核电厂（秦山核电厂）在（　　）年开始施工。
    A. 1983　　　　　　　B. 1984　　　　　　　C. 1985

12. 全球核电比重最大的国家是（　　）。
    A. 美国　　　　　　　　B. 法国　　　　　　　　C. 俄罗斯

13. 下列（　　）不属于核岛厂房。
    A. 汽轮机厂房　　　　　B. 核燃料厂房　　　　　C. 反应厂房

14. 我国华龙一号采用的是第（　　）代核电技术。
    A. 二　　　　　　　　　B. 三　　　　　　　　　C. 四

15. 压水堆核电厂属于（　　）。
    A. 轻水堆　　　　　　　B. 重水堆　　　　　　　C. 石墨堆

二、填空题

1. 1932 年，物理学家_____发现了中子。
2. 世第一个商用核电站是_____。
3. 核电厂利用核能使水变成蒸汽，蒸汽推动_____发电。
4. 压水堆防止放射性物质释放的屏障包括_____、_____、_____、_____。
5. 压水堆核电厂核心设施为_____。
6. 核电站由_____、_____、_____组成。

三、简答题

简述核电站发电的工作原理。

第 3 章

核电站主要设备与系统

为了更好地理解与区分核电站各部分之间的关系,现将核电站按照岛的形式进行划分,可以分为核岛、常规岛、电站配套设施三部分。核电站工作简图如图 3-1 所示。

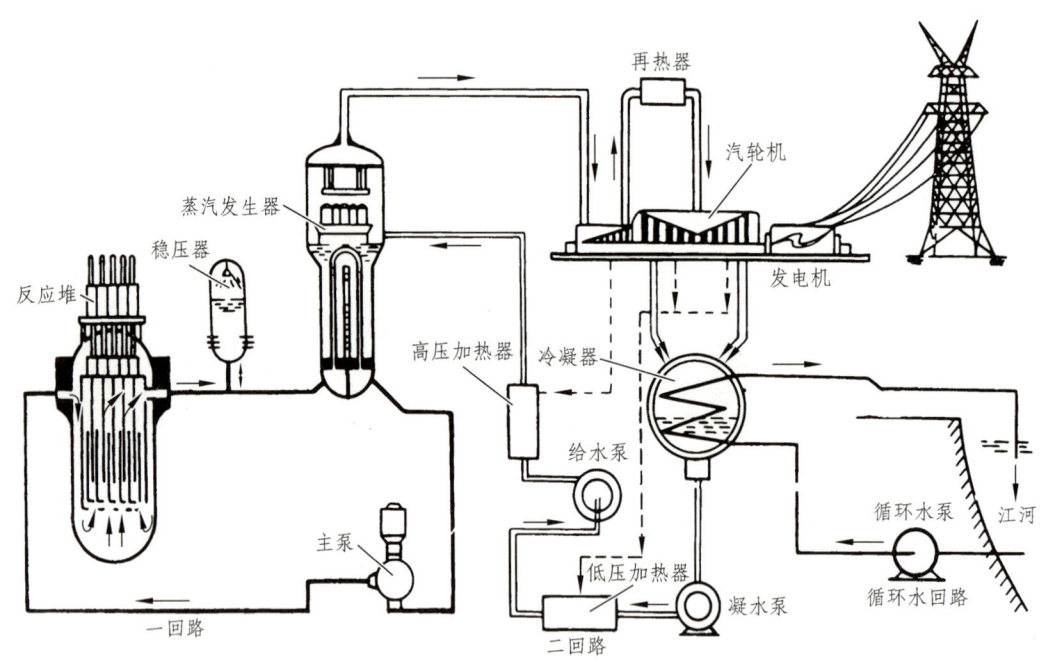

图 3-1　压水堆核电站结构简图

(1)核电站具有放射性的部分主要集中在安全壳内,此部分系统与设备可能存在放射性物质的产生、转移等过程,我们将其统称为核岛。

(2)将蒸汽的内能转换为机械能的这部分系统与设备与火电厂相比较而言,基本没有太大差异,因此我们将其统称为常规岛。

除核岛与常规岛之外的将产生的电能经过变压器等设备输送到外地的这部分电气系统与设备,称之为电站配套设施。

第一节 一回路系统

一回路系统又被称为核蒸汽供应系统,它是核能产生并以热量的形式向外传递的重要部位,也是与火电厂能量产生的主要区别之处。一回路系统由一回路主系统与一回路辅助系统共同组成,在核电站内由于反应堆的功率越来越大,导致一台蒸汽发生器难以将堆芯的所有热量都导出,因此我们必须要增加此类结构,所以在一回路主系统内并联多个环路对称地安装在压力容器上,每个环路都有一台主泵和一台蒸汽发生器;但不论环路有几个,稳压器都只有一个。稳压器的数量不会因环路的数目而改变,稳压器安装在其中某一个环路上,以维持一回路运行压力的稳定。

传统压水堆环路的数量与功率是相匹配的,例如:电功率为 300 MW—1 个环路;电功率为 600 MW—2 个环路;电功率为 900 MW~1000 MW—3 个环路;电功率为 1150 MW~1300 MW—4 个环路,如图 3-2、3-3 所示。

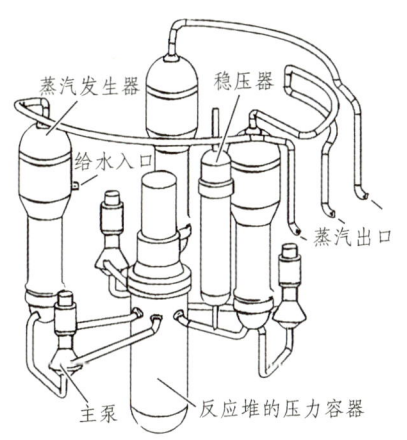

图 3-2 有 3 个环路的一回路系统

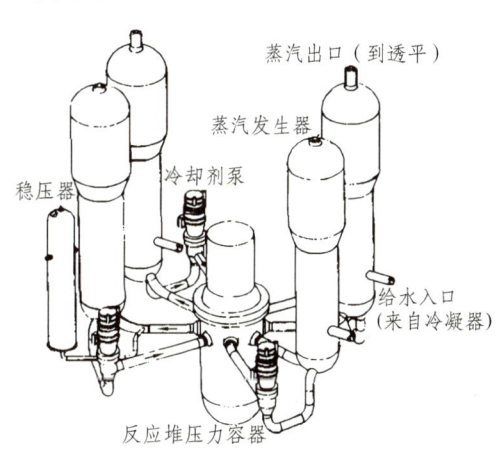

图 3-3 有 4 个环路的一回路系统

一、一回路主系统

一回路主系统由反应堆、主泵、稳压器、蒸汽发生器和相关管道共同组成。在一回路主系统中,堆芯核燃料释放出的能量将会传递给流经堆芯的一回路冷却剂,冷却剂吸收核燃料裂变所产生的热能后,在主泵的作用下流出反应堆,进入蒸汽发生器并通过其 U 形管管壁传递给管外流动的二回路冷却剂,从而使二回路产生蒸汽,由于热量的传递将会导致一回路冷却剂温度降低,随后,一回路冷却剂再次被主泵作用推回到反应堆内部,形成一个封闭的循环回路。

1. 反应堆

核电站反应堆是一个组合体,它是启动、控制核链式裂变反应实现核能热能转换的装置,在反应堆通过慢化剂和冷却剂的使用,反应堆内产生的核能能够按照人类设计的意愿缓慢地向外释放,而不是像原子弹一样瞬间释放,从而达到了人类控制的目的,如图3-4所示。

慢化剂又叫减速剂,在核反应堆中慢化剂是一种用于减慢中子速度的物质,从而避免了人类持续向堆内提供热中子的问题,同时可以使核链式裂变过程得以实现,常见的慢化剂有石墨、重水、轻水等。

冷却剂又叫载热剂,是用于带走核反应堆堆芯内核裂变产生的热量的物质,以此才能使释放的核能被带出反应堆并加以使用。常见的冷却剂有轻水、重水、氦气、液态钠等。

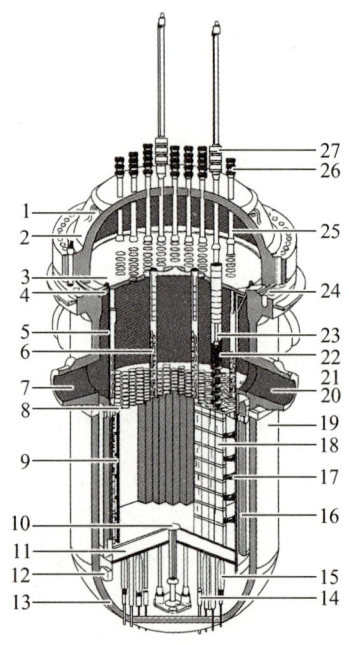

1——吊装耳环;2——压力壳顶盖;3——导向管支承板;
4——内部支承凸缘;5——堆芯吊篮;6——上支承柱;7——进口接管;
8——椎芯上栅格板;9——围板;10——进出孔;11——堆芯下栅格;12——径向支承件;
13——压力壳底封头;14——仪表引线管;15——堆芯支承柱;16——热屏蔽;17——围板;
18——燃料组件;19——反应堆压力壳;20——出口接管 21——控制棒束;22——控制棒导向管;
23——控制棒驱动杆;24——压紧弹簧;25——隔热套筒;26——仪表引线管进口;27——控制棒驱动机构。

图3-4 反应堆主体结构

反应堆按照组分特点可以分为压力容器、堆芯、控制棒驱动机构以及堆内构件四大类,以下将对这四部分逐一介绍:

(1)压力容器:

压力容器是一个大型的耐高压金属容器,用于容纳堆芯以及冷却剂等,其设计使用寿命与核电站设计使用寿命相同,目前都是60年,通常称为压力容器或压力壳。

特点:需承受高温、高压以及强辐射等极端条件,对材料的强度、耐腐蚀性和密封性要求极高,以确保反应堆的安全运行,防止放射性物质泄漏,如压水堆需15.5 MPa的高压，其压力容器制作难度和费用较高。

（2）堆芯：

堆芯是反应堆的核心部分，又称为活性区，是压水堆的心脏。它由许多核燃料组件与控制棒、可燃毒物、中子源组件、阻力塞组件共同构成，是核裂变链式反应发生并产生热量的重要场所，同时由于核裂变反应的发生，裂变过程将会产生大量的放射性核素，加之后期的衰变过程，堆芯的放射性水平将会达到一个可怕的高度，因此确保堆芯的安全和完整性是核电厂运行的关键。

① 燃料组件是堆芯的重要组成部件，压水堆普遍采用了无盒、带棒束型控制棒组件的燃料组件，这种型式的燃料组件有着减少堆芯内的结构材料、冷却剂受热充分、安全性得到极大提升等优点。燃料组件在堆芯中处在高温、高压、化学成分复杂、强中子辐照、腐蚀、冲刷和水力振动等恶劣条件下长期工作，因此核燃料组件的性能直接关系到反应堆的安全可靠性。

一般燃料组件内的燃料棒按正方形排列，常用的有 14×14、15×15、16×16 及 17×17 等几种型式，现代大型压水堆核电厂所普遍采用的 17×17 型燃料组件（图 3-5）。燃料组件由燃料棒、上管座、下管座、弹性定位格架、控制棒导向管、中子注量率测量管等组成。每一个组件中总共有 289 个棒位，其中 24 个棒位放控制棒导向管，最中心的 1 个棒位放中子注量率测量管，其余 264 个棒位放燃料棒。

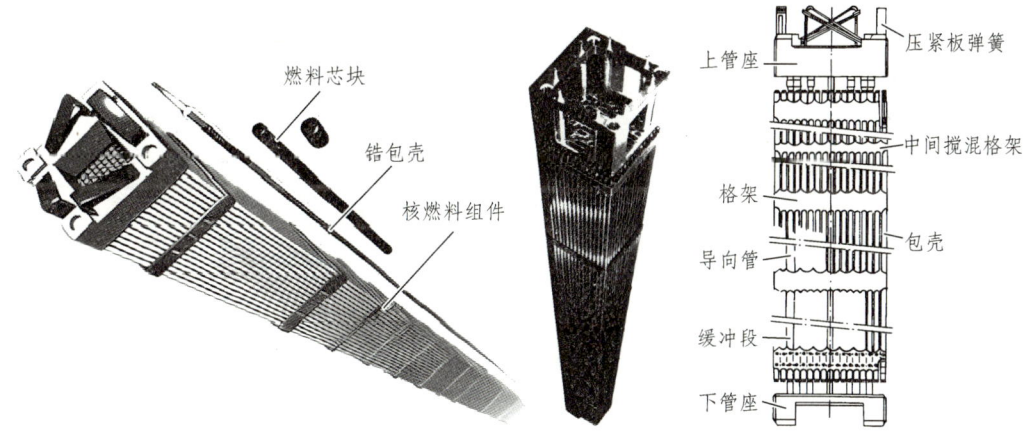

图 3-5　17×17 型燃料组件

② 控制棒组件是核反应堆控制部件，其作用在于：在正常运行情况下用它启动、停堆、调节反应堆的功率；在事故情况下依靠它快速下插，致使反应堆在极短的时间内紧急停堆，从而保证反应堆的安全。

控制棒由吸收中子能力很强的材料制成，如硼、碳化硼、镉、银铟镉等，部分控制棒还会使用钨铜合金，这些材料能够有效吸收中子，从而控制核裂变的速率。目前，压水反应堆通常都采用棒束型控制棒组件，以银-铟-镉（80%Ag-15%In-5%Cd）合金作为吸收体，做成细棒状，并用不锈钢作为包壳，每个控制棒组件带有 20~24 根控制棒，每根控制棒插在燃料组件的导向管内,依靠星形架连接成一束。压水堆内的控制棒按不同功能进行分组,一般分为停堆控制棒组、控制功率分布的控制棒组以及功率调节控制棒组。控制棒的直径和在堆芯中的间距需根据反应堆的设计要求确定,以保证控制棒在插入和抽出过程中能够均匀地吸收中子,有效地控制反应性,同时不会对堆芯的冷却剂流动和燃料元件的机械完整性产生不利影响。控制棒通常通过控制棒驱动机构与反应堆压力容器顶盖上的相关部件连接,以实现控制棒的提升、下降、保持等运动,并且在运行过程中能够保持稳定的位置和可靠的连接。

③ 可燃毒物组件。可燃毒物通常采用吸收中子能力强,且能随反应堆运行与核燃料一起烧掉的同位素作吸收材料,如硼、铪、钆及其化合物,常见的有硼不锈钢、碳化硼、硼玻璃及硼化锆等,制成棒状或管状后,外面再加包壳。可燃毒物可降低反应堆运行初期的过剩反应性,减少控制棒数量的使用,还能补偿堆寿期末由于燃耗和中毒效应等引起的过剩反应性下降,使反应堆的反应性在整个运行周期内保持在合理范围内。合理布置可燃毒物组件,可改善堆芯的功率分布,降低局部功率峰,使堆芯的热量产生更加均匀,提高反应堆的安全性和经济性。

可燃毒物结构相对简单,装入反应堆后,在核燃料使用期间不会改变其任何方向上的空间位置,与控制棒组件的结构和运动方式有所不同。在反应堆运行过程中,可燃毒物组件会随着核燃料的燃耗而逐渐消耗,其吸收中子的能力也会相应减弱,从而实现对反应性的自动调节,减少了人工干预的频率和难度,如图3-6所示。

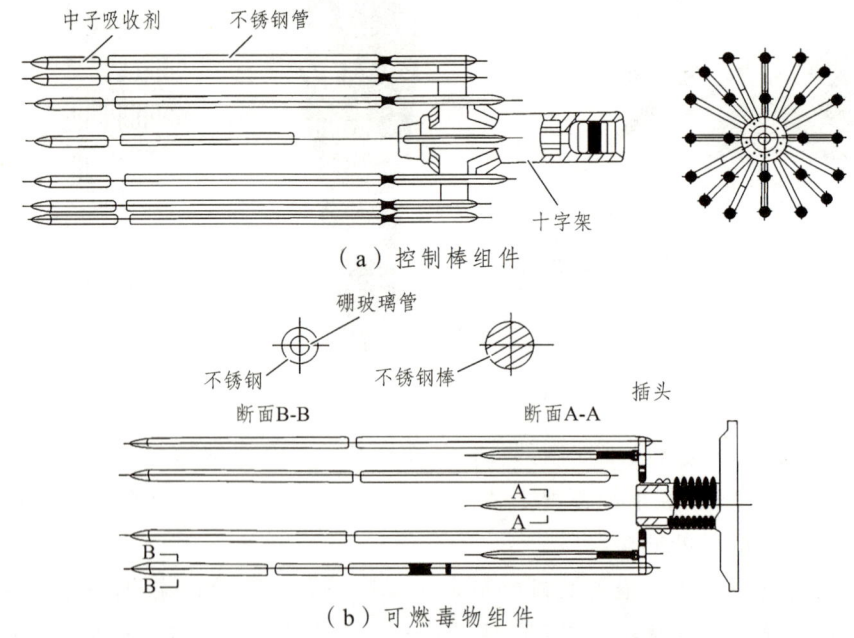

图3-6 控制棒组件与可燃毒物组件

④ 中子源组件。中子源组件包括初级中子源组件和次级中子源组件,初级中子源

组件由连接板和初级中子源棒组成，次级中子源组件由连接柄和次级中子源棒组成，棒状结构便于安装和使用。初级中子源材料为 Cf 源或 Po-Be 源，会自发地发射出中子；次级中子源棒由不锈钢包壳、Sb-Be 源芯块和上下端塞组成，其中 Sb-Be 源是一种稳定源材料，锑在反应堆运行期间吸收中子活化后，其 γ 射线轰击铍而释放出中子。初级中子源组件和次级中子源组件均为堆芯内不动部件，在反应堆首次启动时，初级中子源组件可提高反应堆启动时的中子注量率水平，让源量程核测仪器能可靠地测出中子注量率水平，从而保证反应堆安全启动；次级中子源组件用于反应堆换料后启动，即使停堆换料 3~4 个月后，其最低中子源密度仍能不小于需求值，确保换料后反应堆能正常启动。

⑤ 阻力塞组件。阻力塞组件主要由阻力塞棒、连接柄等部件组成，整体结构较为简洁，主要部件数量少，无复杂的机械传动或控制机构，便于制造、安装与维护。在反应堆堆芯中占据特定位置，提供适当阻力，使冷却剂按预定方式流动，确保冷却剂在堆芯内均匀分配，有效带出核燃料产生的热量，维持堆芯温度均匀性和稳定性。

阻力塞棒通常采用不锈钢等高强度、耐高温、耐腐蚀材料制成，以适应反应堆内高温、高压、强辐照及冷却剂腐蚀等恶劣工作环境，保证组件结构完整性和性能稳定性。在反应堆运行期间始终保持在设定位置，不随控制棒等其他组件移动，为冷却剂流动提供稳定阻力和流道。因结构简单、材料性能优良及无活动部件，其可靠性高，故障概率低，可在反应堆寿期内稳定工作，对反应堆安全稳定运行意义重大。

（3）控制棒驱动机构：

组成：由驱动电机、传动机构、控制棒连接装置等组成。

特点：控制棒驱动机构能够准确地控制控制棒的插入和抽出速度以及位置，实现对反应堆反应性的调节和控制，在紧急情况下可快速插入控制棒使反应堆停堆，确保反应堆的安全。

（4）堆内构件：

组成：主要包括支撑结构、导向机构、通量测量装置等。

特点：堆内构件起到固定和支撑堆芯、引导控制棒运动以及监测堆芯运行参数等作用，其结构复杂，需保证在反应堆运行期间的可靠性和稳定性，以确保堆芯的正常工作和控制棒的有效控制。

2. 主 泵

核电站主泵主要有轴封泵与屏蔽泵两种类型，一般可以看作是核电站的心脏。通过主泵的作用一回路的冷却剂才能够持续不断地流动起来，进而将堆芯产生的热量源源不断的带出反应堆真正使用起来，其结构如图 3-7 所示。

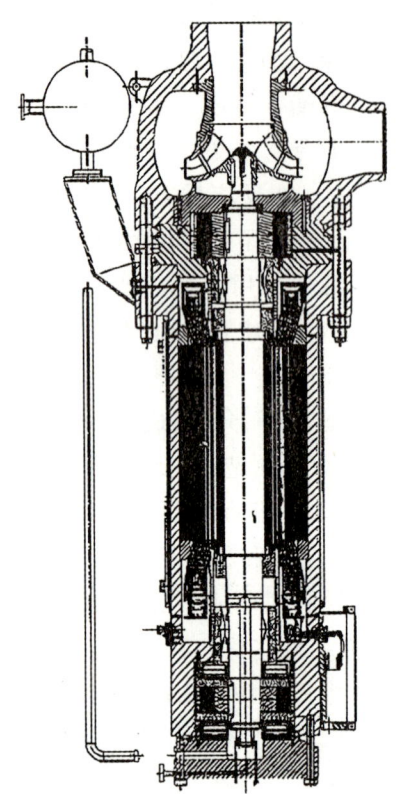 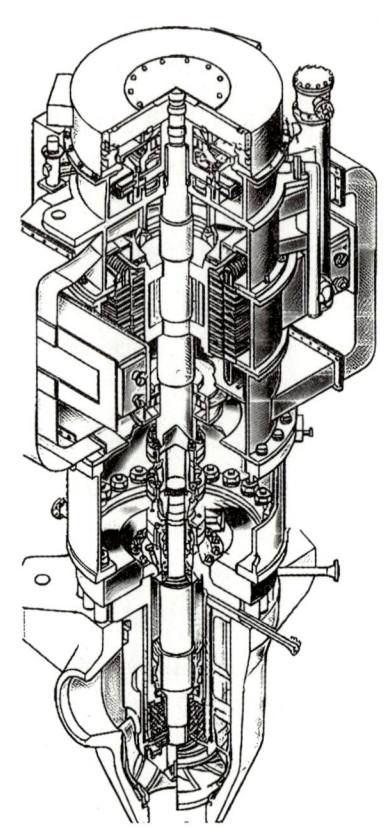

图 3-7 主泵

（1）轴封泵：

结构特点：采用机械密封结构，由叶轮、泵壳、轴封、轴承、驱动电机等部件组成，为立式单级离心泵，部分带有飞轮。

性能特点：效率相对较高，但存在轴封失效风险，需配备复杂的轴封注水/冷却水管路及泄露水回收管路，且要设置多项轴封监测系统，增加了系统复杂性和操控难度。

应用情况：在二代及二代加核电站中应用广泛，如秦山二期核电站主泵就是从西班牙ENSA采购的立式带飞轮的单级离心泵。

（2）屏蔽泵：

结构特点：电机和泵处于同一压力边界内，无轴封，定子和转子带有屏蔽套，为立式单级离心泵，配有上下径向轴承和上下推力轴承，采用瓦块式水润滑滑动轴承，还有外置水套和外置热交换器等冷却系统，以及上下飞轮。

性能特点：取消了轴封，减少了泄漏点，提高了安全性，但屏蔽套的存在降低了总体效率，对制造工艺和材料要求高。

应用情况：是第三代AP1000核电站的主泵类型，如我国三门核电站就采用了这种屏蔽式主泵。

3. 稳压器

核电站稳压器主要通过电加热和喷淋系统来控制压力和水位，维持一回路系统的稳定运行。当一回路压力降低时，稳压器中的电加热器会自动开启，加热水产生蒸汽，使压力升高；当压力升高超过设定值时，喷淋系统会自动启动，将冷水喷入稳压器，使蒸汽冷凝，从而降低压力。通过这种方式，稳压器能够将一回路压力维持在恒定压力下，并在系统瞬态或事故时，将压力变化限制在允许值以内，防止一回路系统超压，维护其完整性。

本体结构：通常为高大的圆柱体，上下端为半球形封头，如某稳压器高 13 m，直径 2.5 m，总容积约 40 m³，汽相空间 23.8 m³，净重约 80 t，如图 3-8 所示。

电加热器：采用直管护套型电加热元件，共 60 根，总加热功率为 1400 kW；分成 6 组，其中 3、4 组为比例组，以可调方式运行，其余 4 组为固定组，以通断方式运行，每个加热元件可单独更换，最小设计寿命为有效工作 2 万小时。

喷淋系统：由接到两个环路冷管段的喷淋管线组成，每个喷淋管线上有自动控制的气动调节阀门，最大喷淋流量为 72 m³/h，喷淋降压速率为 1.3 MPa/min，阀门装有下挡块，形成 230 L/h 连续喷淋流量，驱动力为反应堆冷却剂泵出口与喷头出口间的压差，公共喷淋管路呈倒 U 形，形成水封防止蒸汽积聚。

超压保护装置：有两种卸压管线，第一种是三条安全阀卸压管线，每条管线上有一只弹簧压力式安全阀，当压力达到开启定值时进行事故排放；第二种是卸压管线上装有动力操作的卸压阀和电动隔离阀。

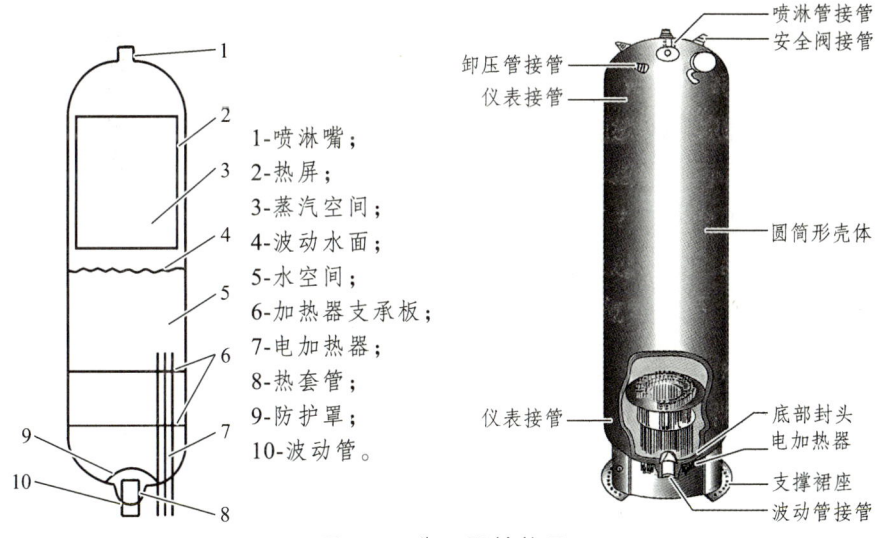

图 3-8　稳压器结构图

4. 蒸汽发生器

在一回路中，主泵将冷却剂送入反应堆，冷却剂吸收核裂变放出的热量后进入蒸汽发生器的 U 形管束内，通过管壁将热量传递给管外的二回路冷却水，使二回路冷却水温度升高直至沸腾产生蒸汽，一回路冷却剂则流出蒸汽发生器后由主泵送回反应堆继续循环。

二回路中，冷却水由给水泵输送到蒸汽发生器的给水管，经给水分配环管进入环形下降通道向下流动，再进入并横向冲刷管束，然后折流向上，在管束空间吸收热量变成汽水混合物，向上流动经两级汽水分离装置分离干燥后，饱和水回到环形下降通道与给水混合循环，干燥的蒸汽则由蒸汽导管引出送往汽轮机做功，如图3-9所示。

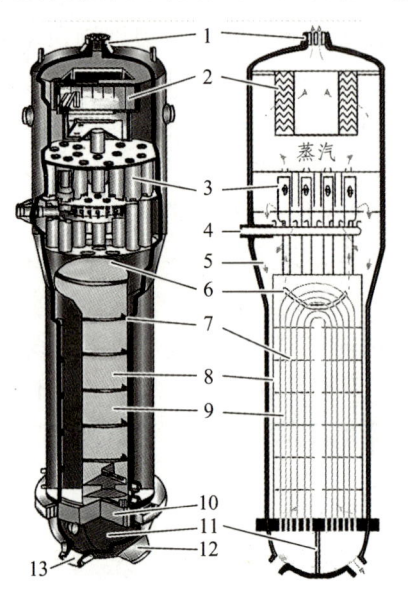

1-蒸汽出口管嘴；
2-蒸汽干燥器；
3-旋叶式汽水分离器；
4-给水管嘴；
5-水流；
6-防振条；
7-管束支撑板；
8-管束围板；
9-管束；
10-管板；
11-隔板；
12-冷却剂出口；
13-冷却剂入口。

图 3-9 蒸汽发生器结构图

（1）U形管束：是蒸汽发生器的核心部件，由大量U形传热管组成，如压水堆核电站中，其数量可达数千根。一回路的冷却剂在管内流动，二回路的水在管外被加热，实现热量传递。

（2）管板：位于蒸汽发生器两端，固定U形管束，并将一回路和二回路分隔开，防止两种工质混合。

（3）上下封头：上封头设有蒸汽出口，下封头有冷却剂进口和出口，还可连接化学与容积控制系统等其他设备。

（3）筒体组件：包括外壳和内部支撑结构，为蒸汽发生器提供整体支撑和保护，维持内部压力和温度。

（4）汽水分离装置：位于筒体上部，由粗分离器和二级汽水分离器组成，将汽水混合物中的水分分离出来，使蒸汽湿度降至规定值以下，提高蒸汽品质，保护汽轮机。

（5）给水分配环管：将二回路的给水均匀分配到管束衬筒与壳体之间的环形下降通道，保证管束受热均匀。

二、一回路辅助系统

一回路辅助系统是为了保障一回路主系统安全稳定运行而设置的辅助性系统，其种类繁多、作用强大，涉及安全性、经济性各方面，常见的一回路辅助系统主要有如下几种：

1. 化学与容积控制系统

化学与容积控制系统在一回路辅助系统里是功能最多、涉及面最广、使用最全面的系统，它具有容积控制、反应性控制、化学控制等主要功能，同时还为主泵轴封提供过滤及冷却水、为稳压器提供辅助喷淋水等，如图3-10所示。

调节方式多样：通过上充和下泄功能维持稳压器水位，与反应堆硼和水的补给系统配合调节冷却剂硼浓度，还可注入化学试剂控制水质，使冷却剂流过净化系统进行净化，去除杂质与放射性颗粒，降低电厂人员和环境的辐射暴露风险，减少对设备的损害。

容积控制：从一回路引出下泄流，经容控箱由上充泵打回一回路。正常运行时上充流量与下泄流量相等，温度变化致一回路水体积改变使稳压器水位变化时，应根据情况调节两种流量恢复水位。

化学控制：注入化学试剂控制水质，如启动时注联氨除氧，运行时加氢氧化锂调pH值。让冷却剂流过净化系统，经过滤除悬浮颗粒物，用离子交换树脂除离子杂质，下泄水需降温降压以满足树脂及相关系统压力要求。

反应性控制：上充泵吸入口加硼提升调节棒组位置或增加停堆负反应性；用除盐水稀释或离子交换树脂除硼，降低调节棒组位置或减少停堆负反应性。

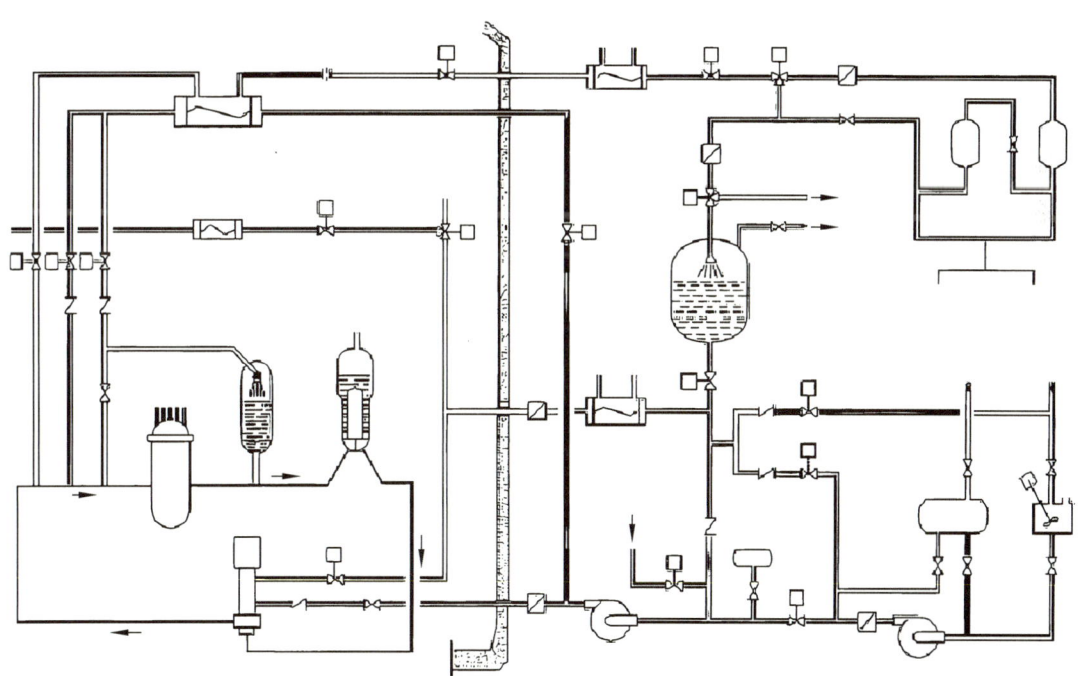

图 3-10 化学与容积控制系统部分结构简图

2. 余热排出系统（停堆冷却系统）

余热排出系统主要是将反应堆停堆后的第二阶段热量导出反应堆，防止反应堆温度过高而出现的危险情况，余热排出系统的工作阶段如下所述：

反应堆正常停堆冷却：在正常冷停堆的第二阶段，当一回路冷却剂系统的压力和温度分别下降到 2.5~3.0 MPa 和 175~180 ℃时，余热排出系统可将停堆后的堆芯剩余释热以及系统内介质和设备的显热，通过设备冷却水系统传输至最终热阱，使反应堆冷却剂的温度以一定速率降到冷停堆或换料操作温度，并保持该温度，为反应堆的维护和换料等操作创造条件。

换料操作支持：换料运行时，余热排出泵从换料水箱吸入含硼水，经余热交换器旁通管和主管道冷段，进入反应堆压力容器，通过松开的法兰面溢入换料水池，为换料操作提供必要的条件，并且在换料结束后，还可将换料水池内的含硼水送回换料水箱。

事故应急冷却：发生失水事故时，余热排出系统兼作低压安全注射部分，将换料水箱内的含硼水或安全壳地坑内的水注入堆芯，防止堆芯过热熔化，避免放射性物质的大量释放，保障核电站的安全性。

该系统作为核电站安全系统的重要组成部分，无论是正常运行还是事故工况下，都能有效排出堆芯余热，降低事故发生的风险及其可能带来的严重后果，对保护公众健康和环境安全具有重要意义。能动余热排出系统与非能动余热排出系统相互补充，进一步提高了核电站的安全性。

3. 反应堆硼和水补给系统

支持性强：是化学和容积控制系统的支持系统，为其提供除氧除盐含硼水、制备和注入化学药剂等，以实现容积控制、化学控制和反应性控制等功能。

配置完善：有补水回路、硼补充回路、硼酸配制回路和化学添加剂制备回路等，各回路配备相应的储存箱、泵、配制罐等设备，以满足不同的补给需求。

4. 设备冷却水系统

冷却介质独立：使用独立的冷却水回路，防止一回路冷却剂与设备直接接触，避免设备受放射性污染。

温度控制稳定：能有效带走设备运行产生的热量，确保一回路设备在正常温度范围内工作，保证系统安全稳定运行。

5. 硼回收系统

资源回收利用：对一回路含硼废水进行处理和回收，减少放射性废物排放，降低对环境的影响，同时节约资源。

处理工艺复杂：需经过过滤、离子交换、蒸发等多个处理步骤，以去除废水中的杂质和放射性物质，提高硼的回收率。

6. 厂用水系统

带走设备运行产生的热量，防止设备因过热性能下降、损坏甚至故障，像核电站的重要厂用水系统 SEC，通过设备冷却水系统 RRI 将核岛内部安全相关设备的热量传递到海水中，确保设备正常运行。

对设备、管道等进行冲洗，去除杂质、污垢和残留物，防止其积累影响设备性能和寿命，维持系统的清洁度和流畅性。

作为密封水，注入设备的密封部位，形成液膜密封，防止介质泄漏，保证设备的密封性和安全性，如泵的轴封处。

作为润滑剂，减少设备部件之间的摩擦和磨损，延长设备使用寿命，如水力轴承等。

在火灾等紧急情况时，消防水生产系统和消防水分配系统可为灭火提供水源，保护人员生命和财产安全。

作为应急水源，在正常供水系统故障或事故工况下，保障关键设备的冷却和运行，维持厂内基本生产生活用水需求，提高工厂应对突发事故的能力。

7. 取样分析系统

监测项目多：对一回路冷却剂的各项参数，如温度、压力、pH 值、硼浓度、放射性水平等进行定期取样分析，以监测系统运行状态。

准确性要求高：所使用的分析仪器和方法具有高精度和高可靠性，能够及时发现冷却剂水质变化和系统潜在问题。

第二节　二回路系统

二回路系统是核电站中负责将核岛产生的蒸汽内能转换为电能的重要部分，同时也是能量转换的最终场所，其结构与组成与传统火电厂基本一致。其包括的设备众多，有汽轮机、汽水分离-中间再热器、发电机、冷凝器等，如图 3-11 所示。

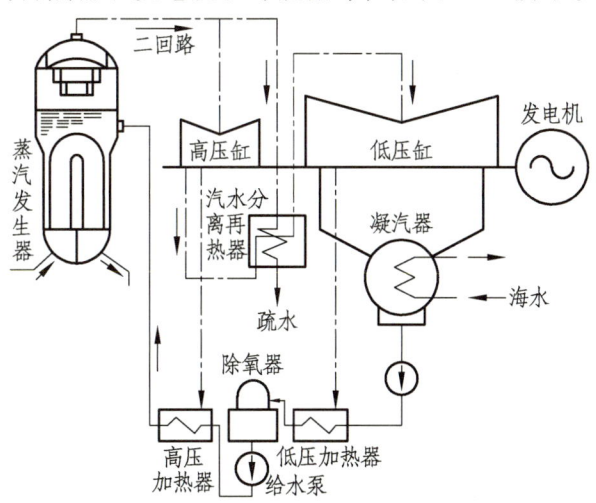

图 3-11　二回路系统结构简图

1. 汽轮机

核电站汽轮机属于饱和蒸汽轮机，是利用核反应堆产生的热量使水变为饱和蒸汽或微过热蒸汽，蒸汽进入汽轮机后，在喷嘴中膨胀加速，形成高速汽流冲击动叶栅，使叶轮旋转，从而将蒸汽的热能转化为机械能，进而带动发电机发电。常见的有冲动式汽轮机、反动式汽轮机等，后者因效率更高受到广泛关注，如图 3-12 所示。

特点：进汽参数低，比体积大，整机理想比焓降小，进、排汽尺寸大；大部分级处于湿蒸汽区工作，易引起动、静部分零部件腐蚀和侵蚀；需在高、低压缸之间装设汽水分离再热器；可采用半转速设计；甩负荷时容易超速。

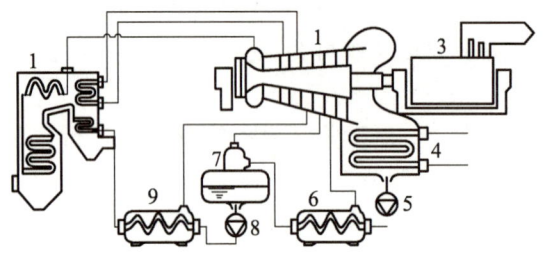

汽轮机发电动力装置示意

1-电站锅炉；2-汽轮机；3-发电机；4-凝汽器；5-凝结水泵；6-低压加热器；7-除氧器；8-给水泵；9-高压加热器。

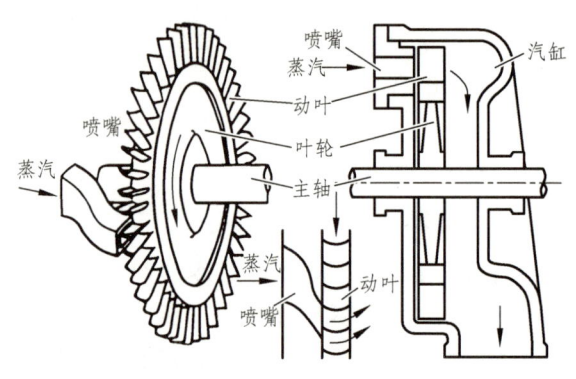

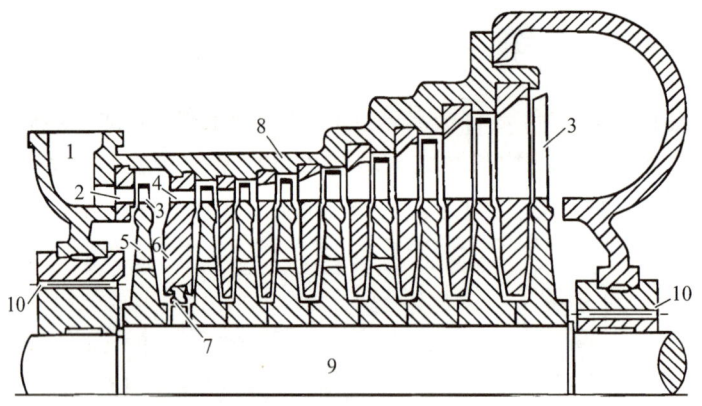

1-调节级喷嘴室；2-喷嘴；3-动叶；4-静叶；5-叶轮；6-隔板；7-隔板汽封；8-汽缸；9-转轴；10-轴转汽封。

图 3-12　反动式汽轮机部分简图

2. 汽水分离-中间再热器

核电站汽水分离中间再热器是连接汽轮机高压缸与低压缸的中间设备，它将从汽轮机高压缸排出的湿蒸汽送入汽水分离器，常见的汽水分离器有波纹板式和旋风式。波纹板式汽水分离器利用蒸汽与水滴的惯性差异，当湿蒸汽通过波纹板时，水滴因惯性大而附着在板上，蒸汽则继续前行；旋风式汽水分离器则让湿蒸汽沿切线方向进入，形成高速旋转的气流,水滴在离心力作用下被甩向器壁,然后沿壁面流下,从而实现汽水分离,经过汽水分离后的蒸汽进入再热器,再热器一般是管壳式换热器,由管束、外壳等构成,管束通常采用外表带有低肋片的 U 形管以增强传热效果。新汽或同时从高压缸抽出的蒸汽作为加热汽源,在管内凝结放热,使管外的工作蒸汽被加热到接近新汽温度,最后送入低压缸继续做功,以此提高汽轮机的内效率,减少低压缸内蒸汽的水分,避免损害汽轮机的叶片,如图 3-13 所示。

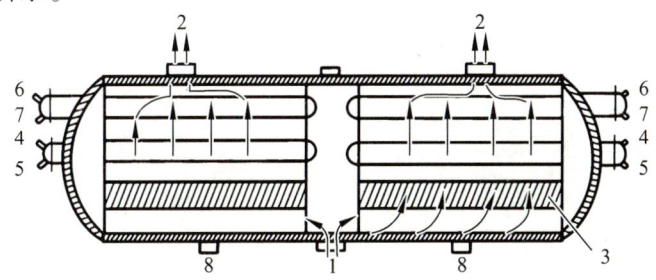

1-湿蒸汽入口;2-过热蒸汽出口;3-汽水分离器;4-一级再热器加热蒸汽入口;
5-一级再热器加热蒸汽出口;6-二级再热器加热蒸汽入口;7-二级蒸汽加热蒸汽出口;8-疏水口。

图 3-13 汽水分离-中间再热器简图

3. 发电机

发电机主要由定子和转子两部分组成,与日常生活中的发电机结构基本一致;但核电站发电机结构尺寸相对于普通发电机要大很多,唯有如此才能发出更多的电能。其具体结构及特点如下:

定子由铁芯、线包、绕组、机座以及固定这些部分的其他结构件组成。定子铁芯是构成磁路的重要部分,通常由硅钢片叠压而成,以减少涡流损耗;定子绕组则是产生感应电动势和电流的关键部件,一般采用三相绕组,按照一定的规律嵌放在定子铁芯的槽内。

转子由转子铁芯(或磁极磁轭)、绕组、护环、中心环、滑环、风扇及转轴等部件组成。转子铁芯是安装磁极和绕组的部分,一般由高强度合金钢锻件加工而成;转子绕组通入直流电流后产生磁场,与定子绕组相互作用实现机电能量转换;护环和中心环用于固定转子绕组,防止其在高速旋转时发生位移;滑环则用于向转子绕组引入直流励磁电流;风扇的作用是为发电机散热,保证其在运行过程中的温度在允许范围内。

特点:由于核电站汽轮机多为半速机组,相应的发电机极数为四极,其定子铁芯外径相比同容量两极机组的略大,但机座外形尺寸几乎相同。对于四极的核电机组转子,其直径约为两极机组的 1.5 倍,质量约为两极机组的两倍,在加工、平衡和超速试验以及厂内外运输方面的投资相对较大,但运行时和突然短路时定子端部绕组中机械应力较小。

4. 冷凝器(凝汽器)

核电站凝汽器有表面式凝汽器和混合式凝汽器两种,其中表面式凝汽器使用较为常见,其内部装有大量铜管,铜管内通以循环冷却水。当汽轮机的排汽进入凝汽器后,与铜管外表面接触，排汽受到铜管内水流的冷却，放出汽化潜热变成凝结水，所放潜热通过铜管管壁不断传给循环冷却水并被带走，排汽由此不断凝结。排汽被冷却时比容急剧缩小，在汽轮机排汽口下的凝汽器内部形成较高真空，如图 3-14 所示。

混合式凝汽器：从汽轮机排出的乏汽直接与冷却水混合而得到凝结。冷却水从安装在混合式凝汽器上部周围的喷嘴喷出，排汽由上部进汽口进入，与冷却水混合凝结，凝结水与冷却水一起用水泵抽走，不凝结的空气则用抽气器或者真空泵不断抽出。

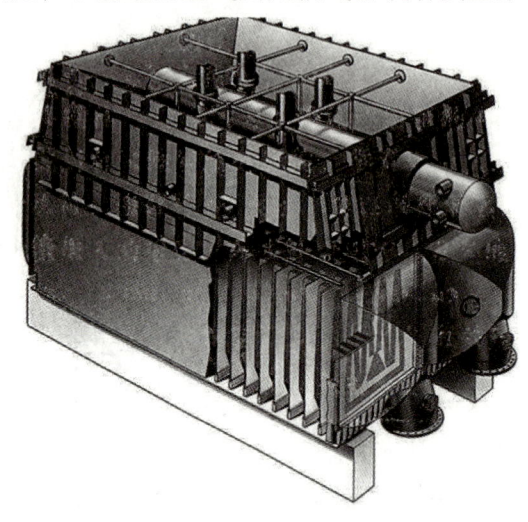

图 3-14　冷凝器简图

5. 给水泵

将经过加热除氧后的水升压后送入锅炉，为锅炉提供稳定的给水，保证锅炉的正常运行和蒸汽的产生。

6. 加热器

利用汽轮机抽汽的热量对给水进行加热，提高给水温度，减少锅炉燃料消耗，提高热力系统的热经济性。一般有高压加热器和低压加热器，分别布置在给水泵前后。

7. 除氧器

利用蒸汽将水加热至沸点，使水中的溶解氧逸出，从而去除给水中的氧气，防止热力设备的腐蚀。

核电站除氧器的工作原理主要是热力除氧，首先，凝结水及补充水进入除氧器，通过加热蒸汽对水进行加热，随着水温升高，水面上水蒸气的分压力逐渐增加，而其他气体的分压力逐渐降低，水中的气体不断分离析出。当水被加热到除氧器压力下的饱和温度时，水面上的空间几乎全部被水蒸气充满，各种气体的分压力趋近于零，水中的氧气及其他溶解性气体便被去除。

第三节　专设安全设施

一、专设安全设施的定义

专设安全设施是指核电站中为应对可能发生的设计基准事故而专门设置的安全系统和设备的统称。

从安全角度讲，核电站一旦发生事故，可能会有大量放射性物质泄漏，对环境和公众造成巨大危害。专设安全设施能在事故工况下，如冷却剂丧失事故、蒸汽管道破裂事故等，通过应急堆芯冷却防止堆芯熔化，用安全壳隔离系统防止放射性物质扩散，以安全壳喷淋系统降低安全壳内的温度和压力，还有辅助给水系统来保证蒸汽发生器的正常运行，从而减少放射性物质的释放量，保障核电站周围居民的生命健康和生态环境安全。

从经济角度看，这些设施可以有效保护核电站的关键设备，像反应堆、蒸汽发生器等。减少设备损坏程度，降低因重大事故导致的核电站报废、大规模维修和更换设备等经济损失，并且有助于维持核电站的正常运行，保证其在能源供应中的稳定性，避免因长时间停堆带来的能源供应不足等经济问题。

在社会层面，它可以增强公众对核电站安全性的信心。公众对核电站安全的担忧是核能发展的一大障碍，专设安全设施的存在及其可靠的设计能够向社会表明核电站有应对事故的有效措施，有助于维护核能作为清洁能源的形象，推动核能在能源结构中的持续健康发展。

二、专设安全设施的主要构成

1. 安全注入系统（应急堆芯冷却系统）

在核电站发生失水事故（如冷却剂管道破裂）这种严重事故时，安全注入系统能为堆芯提供应急冷却。通过注入硼水，可避免堆芯因冷却剂丧失而出现过热熔化的情况，防止大量放射性物质释放。因为堆芯熔化会导致放射性物质泄漏，对环境和人员造成灾难性的后果，安全注入系统就像一道关键防线，守护着核电站的最核心部分。不管是小破口失水事故还是大破口失水事故，安全注入系统的不同部分（高压、蓄压箱、低压安全注入系统）可以按事故发展的不同阶段依次发挥作用。这种分层设计可以有效应对各种可能出现的冷却剂丧失情况，增强了核电站应对事故的能力。

（1）高压安全注入系统：在核电站发生失水事故的初期，一回路系统压力较高，此时高压安全注入系统启动。它利用高压将含硼水注入反应堆冷却剂系统，补偿冷却剂的丧失，硼水还能起到控制反应性的作用，防止反应堆出现超临界事故，确保堆芯的安全。

（2）蓄压箱注入系统：随着事故的发展，当一回路系统压力下降到一定程度时，蓄压箱注入系统开始工作。蓄压箱内储存有含硼水，依靠氮气压力将硼水快速注入堆芯，既能对堆芯进行冷却，又能进一步保证足够的停堆裕度，使反应堆维持在安全的停堆状态。

（3）低压安全注入系统：在事故后期，一回路系统压力持续降低，低压安全注入系统发挥作用。它将地坑中的水经过冷却和过滤后，以较低的压力再循环注入堆芯，从而保证堆芯的长期冷却，防止堆芯因过热而造成损坏，确保事故工况下反应堆的安全。

2. 辅助给水系统

在核电站主给水系统出现故障或不可用时，例如给水泵故障、管道破裂等情况时，辅助给水系统能够及时为蒸汽发生器提供给水。这可以保证蒸汽发生器能够持续带走反应堆产生的热量，防止堆芯过热，对于维持反应堆的安全状态至关重要。

辅助给水系统是二回路系统的重要安全保障。它确保二回路系统在主给水系统失效的情况下依然可以正常工作，通过提供足够的给水，维持蒸汽发生器的水位，辅助给水系统可以避免蒸汽发生器因缺水而导致干烧、管道破裂等严重设备损坏情况，使二回路的蒸汽产生过程能够持续，保障了核电站整体运行的稳定性，防止设备损坏，延长设备使用寿命，减少维修成本。

当主给水系统的流量、压力等参数出现异常，低于设定的安全阈值时，监测系统会触发辅助给水系统启动。这可以是通过压力传感器、流量传感器等设备实现信号的传递。辅助给水系统的水通常来自专门的辅助水源，如除氧水箱。启动后，通过电动或汽动给水泵将水从辅助水源输送到蒸汽发生器。在一些设计中，可能还会有重力辅助给水的方式，利用水位差实现给水，作为备用手段。系统中会配备流量调节阀等设备，根据蒸汽发生器的实际需求和运行状况，对辅助给水的流量进行调节，确保蒸汽发生器的水位保持在安全范围内，以实现有效带走热量的功能。

3. 安全壳隔离系统

核电站在发生事故时，如冷却剂丧失事故或者主蒸汽管道破裂，可能会有放射性物质泄漏。安全壳隔离系统的主要设计意义是作为核电站放射性物质和外界环境之间的一道屏障，通过隔离安全壳内部空间，防止放射性物质泄漏到周围环境中，从而保护核电站工作人员和周边居民的健康，以及生态环境的安全。同时这是核电站安全设计的重要组成部分，符合国家和国际的核能安全法规与标准要求。这些法规和标准对核电站在事故工况下放射性物质的释放量有严格限制，安全壳隔离系统的设计有助于核电站满足这些要求。

除了防止放射性物质泄漏，该系统还可以防止外部因素（如火灾、水淹等）对安全壳内部关键设备的破坏，保障核电站重要设备在事故期间的完整性，有助于维持核电站的整体安全稳定。

安全壳隔离系统安装有许多贯穿安全壳的管道（如蒸汽管道、冷却剂管道等）。当监测系统检测到核电站发生特定的事故情况，例如冷却剂泄漏或者蒸汽管道破裂，系统会自动触发安全壳内相关管道上的隔离阀门关闭。这些阀门可以是电动阀门、气动阀门或者依靠重力关闭的阀门。它们迅速切断安全壳内外的管道连接，阻止放射性物质通过管道向外扩散。

在部分情况下，即使采取了隔离措施，仍可能有少量放射性物质泄漏到安全壳与外界连接的通风系统或者排水系统等。此时，安全壳隔离系统中的过滤和吸附装置会对这些泄漏物质进行处理，例如通过高效过滤器过滤放射性气溶胶，利用吸附材料吸附放射性碘等，然后将经过处理的气体或液体在确保安全的情况下有控制地排放，进一步降低放射性物质泄漏的风险。

4. 安全壳喷淋系统

在核电站发生事故时，如失水事故或主蒸汽管道破裂，安全壳内的温度和压力会急剧上升。安全壳喷淋系统能够有效降低安全壳内的温度和压力，防止安全壳因超压而破损，确保安全壳的完整性，避免放射性物质大量泄漏到环境中，如图3-15所示。

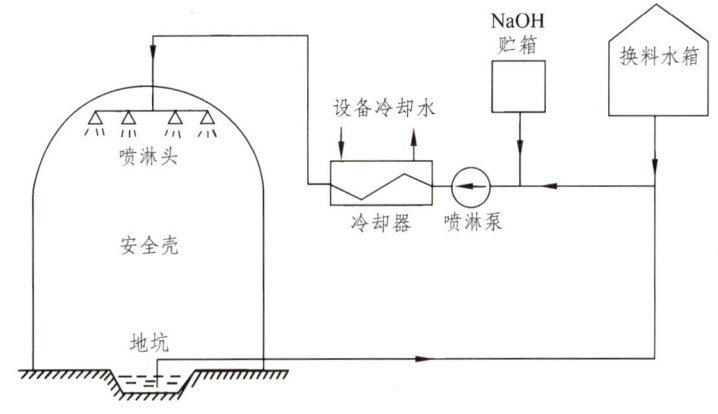

图3-15　安全壳喷淋系统简图

当安全壳内的压力、温度等参数超过预设的安全阈值时，监测系统会发出信号触发安全壳喷淋系统启动。这些参数通常是根据安全壳的设计极限和核电站事故分析确定的。系统启动后，喷淋泵将储存在换料水箱或其他水源（如地坑水经过处理后）中的喷淋液（通常是含硼水）通过管道输送到安全壳顶部的喷头。喷头将喷淋液均匀地喷洒在安全壳内部空间，使喷淋液与安全壳内的空气充分接触。喷淋液在安全壳内汽化吸收热量，降低温度和压力。同时，喷淋液中的成分（如硼酸、氢氧化钠）可以和放射性物质发生化学反应或物理吸附，从而将放射性物质从空气中去除，减少放射性物质在安全壳内的浓度。喷淋后的液体可能会被收集到安全壳底部的地坑中，经过冷却、过滤和化学物质补充等处理后，再次循环用于喷淋，以提高资源利用效率和持续发挥安全壳喷淋系统的功能。

5. 安全壳消氢系统

核反应堆发生失水事故等严重事故时，锆—水反应、金属材料腐蚀以及水的辐照分解会使安全壳内产生氢气。氢气积聚浓度达到4%就可能引发爆炸，严重危及安全壳的完整性，导致放射性物质大量泄漏。安全壳消氢系统能将氢气浓度控制在2.5%以下，有效消除氢爆风险，保障核电站安全，对防止核事故恶化、保护公众与环境安全意义重大。

当失水事故致使安全壳内氢气浓度达到约1.5%时，系统开始运行。风机从安全壳不同位置抽吸含氢气体，先经过空气洗涤器，去除可溶性放射性微尘、氢氧化钠和硼酸等杂质。之后气体进入氢复合器，由电加热器加热 310 ℃ ~ 330 ℃，再进入贵金属催化床，使氢气和氧气在催化剂作用下发生复合反应生成水蒸气，最后，除氢后的高温空气经空气冷却器冷却后送回安全壳。

6. 安全壳通风净化系统

核反应堆运行时，一回路系统散热会使安全壳内空气温度上升，通风净化系统中的冷却系统可将温度控制在一定范围内，确保电气设备及仪表等正常运行。

正常运行及停堆换料期间，该系统可去除放射性物质、调节温湿度，使安全壳内环境符合人员进入条件，保障人员安全与健康。失水事故等发生后，系统能排出热量、过滤放射性物质，防止安全壳内压力、温度过高和放射性物质大量泄漏，降低事故危害。

空气冷却：安全壳空气冷却系统通过风机抽取安全壳内的空气，使其经过以冷冻水为介质的冷却装置进行热交换，从而降低空气温度，再将冷却后的空气送回安全壳内，维持安全壳内温度一般不超过 50 ℃。

空气净化：安全壳空气循环过滤系统利用高效粒子空气过滤器和活性炭吸附器组成的整体式过滤装置，在反应堆正常运行期间循环过滤安全壳内的空气，去除气载放射性碘和活化的粒子等放射性物质。

事故后处理：失水事故后，风机从安全壳不同位置抽吸含氢等物质的空气，先经过空气洗涤器去除可溶性放射性微尘等杂质，再送入氢复合器，在电加热器加热和贵金属催化床的作用下，使氢气和氧气复合成水蒸气，最后经空气冷却器冷却后送回安全壳。

◆ **课后练习**

1. 简述一回路系统的组成。
2. 简述安全壳喷淋系统的工作过程。

第 4 章

核电站工业安全

工业发展对于促进国家经济的快速增长、提高人民生活水平等方面起到了重要作用。我国将继续注重科技创新,推动产业结构升级和可持续发展,实现更高质量、更高效益的工业发展。同时我们应该清楚地认识到世界上没有绝对的安全,所谓安全就是将事故风险降低到可接受的程度。可接受风险是指在规定的性能、时间和成本范围内达到的最佳可接受风险程度。目前我国大部分工业企业属于人员密集型企业,工业安全的重要性不言而喻。

第一节 核电站施工风险与预防

◆ **知识目标**

(1)了解预防安全风险的方法及要求。
(2)熟悉工业安全风险类型。

◆ **能力目标**

(1)能够对核电站施工工作进行风险分析。
(2)正确判断安全隐患。

在施工过程中,存在着各种各样的风险。为了预防事故的发生,保障施工人员的安全,需要采取一系列的预防措施。下面介绍一些常见的施工风险及其预防方法。

1. 防坠落风险的措施

(1)作业前仔细检查作业环境,判断有无坠落风险。
(2)上下平台时,应从规定的通道通行,不得随意攀爬。
(3)使用脚手架、梯台作业时,要保证质量可靠、放置稳固。
(4)在高于或等于 2 m 的高空作业时必须使用安全带,按要求穿戴,不得自行更改、简化安全带。
(5)有交叉施工作业时,作业人员应事先协调沟通,明确各自职责范围,防止不相容作业同时进行。

（6）确保工作平台的整洁，以防滑跌。

（7）所用物件要按规定存放、使用。

（8）工作过程中传接物件时，要做到手到手，上下传接物件时要包扎完好或放于背包并用绳索传递。

（9）作业人员做好设施、材料、工具等的全面整理、检查、保管。

2. 预防化学危险品伤害的措施

（1）危险化学品主要是指爆炸品、压缩气体和液化气体、易燃液体、有毒品和腐蚀品等。使用这些物品时，有可能造成爆炸、火灾、中毒、灼伤等事故。

（2）核电站常用爆炸气体主要有氢气、乙炔；易燃液体主要有油漆、溶剂、清洗剂；毒害性物品主要有坚克林（三氯乙烷）、调节液；腐蚀性物品主要有硝酸、氢氧化钠、氨水；压缩气体主要有易燃气体乙炔；不燃气体主要有氮气、氩气。

（3）严格遵守电站有关化学品运输、使用、储存等管理规定，凭证、限量使用。

（4）经过培训授权，了解相关化学品的特性及应急防护措施。

（5）使用危险品时，根据其种类、特性及工作情况采取相应的通风、防火、防爆、防毒、隔离、清扫、检测等安全措施。

（6）使用易燃、易爆物品时要求办理动火证，并落实动火证上的防火要求。

（7）使用的危险化学品，其包装、标签必须完好。

（8）佩戴合适安全用品，如手套、防毒面具等。

（9）在工作区域设置警戒区，设置安全警告标志。

（10）使用危险品后必须将剩余物回收至危险品库，不允许随意倾倒、丢弃。

3. 预防窒息事故的措施

（1）开工前，判断工作场所有无窒息风险。

（2）佩戴合适的个人呼吸防护用品，携带的测氧仪（氧表）可用。

（3）了解紧急撤离程序，确认撤离通道和必要的急救工具可用。

（4）作业前进行通风、测氧，作业中保持连续测氧和通风，如有不适，及时撤离到安全区域。

（5）时刻注意空气中氧气含量，并确保其高于 19.5%。

（6）设置专人监护，监护人不得随意离开工作现场。

（7）禁止使用纯氧通风。

4. 防范触电事故的措施

（1）必须正确穿戴个人绝缘防护用品。

（2）应取得相应的低压或者高压作业资格。

（3）与带电体保持安全距离。

（4）作业前，进行隔离验证和验电确认。

（5）使用带电设备时，检测绝缘及接地良好，电缆无破损，采用正确接头。

（6）禁止超范围作业。

（7）电缆需经过过道时，采用路桥保护。

5. 防范噪声、粉尘等职业危害的措施

（1）正确佩戴个人防护用品。

（2）确保降噪设施处于正常工作状态。

（3）遵守现场连续作业时间要求。

（4）禁止在没有防尘措施的情况下进行粉尘作业。

（5）禁止使用压缩空气清扫粉尘作业现场。

（6）禁止在爆炸性粉尘环境使用明火或作业中引起火花、静电。

6. 预防起重作业事故的措施

（1）进入作业区必须佩戴安全帽，相关操作人员应穿戴手套、安全鞋等个人防护用品。

（2）持有国家有关部门颁发证书或电站内部培训考试合格（仅限于手动轻型、小型起重机械），并经过相关授权。

（3）设置吊运警戒区，设置警示围栏等标志。

（4）起重作业只能设置一名指挥人员，禁止多人指挥。

（5）靠近电气起吊装置时，应采取必要的防护措施。

（6）禁止吊运超过最高限定质量或质量不明的物体。

（7）禁止歪拉斜吊、摇晃载物。

（8）禁止被吊物长时间悬挂空中。

（9）禁止违章指挥或违章操作。

（10）禁止在载吊运区内停留、行走。

第二节　现场安全管理规定

◆ 知识目标

（1）了解施工现场安全管理规定的内容。

（2）熟悉施工现场安全管理要求。

◆ 能力目标

（1）能够按照要求进行现场安全作业。

（2）能够判别现场作业是否违反安全管理规定。

一、通行证管理

1. 通行证类型（图4-1）

（1）长期通行证。

特征：个人专用，正面有持卡人的姓名、照片、单位（部门）和卡号等。

发放范围：核电站员工，连续工作超过半年的承包商。

有效期：一年。

（2）临时通行证。

特征：卡面上印有卡号，正面加专用贴条，注明持卡人姓名、单位及有效期。

发放范围：临时出入厂区的人员。

有效期：最长为三个月。

（3）参观证。

特征：卡面上印有"参观证"字样。

发放范围：参观的人员。

有效期：当天。

（4）大修通行证。

特征：卡面上印有卡号，正面加专用贴条，注明持卡人姓名、单位及有效期。

发放范围：参加大修而未办理长期通行卡的承包商。

有效期：参加大修的时间。

图4-1　通行证示例

2. 通行证办理流程

办理流程：提交申请资料→员工所在部门领导签字→接口部门（适应于承包商）审查→职业安全处审核申请材料→印制员工或车辆通行证→发放员工或车辆通行证。

3. 通行证使用和保管

通行证只能本人使用不得转借他人使用。请妥善保管通行证，如通行证丢失，需要及时到UA证卡室进行挂失、补办。

二、电厂保卫规定

（1）严禁将各种通行证件转借他人或使用他人通行证件出入保卫区域。

（2）严禁私自携带他人通行；严禁人为损坏通行证件。

（3）通行证丢失须立即通知职业安全处，由职业安全处通知项目部冻结相关证件，如因没有及时报告造成任何不良后果，当事人负全部责任，所在单位（部门）负责人承担相应的管理失职责任。

（4）一次最多只能陪同10名临时人员，进入要害区最多只能陪同5名临时人员。

（5）在应急计划启动或应急演习时，陪同人员要负责安排、照顾外来临时人员。

（6）外来人员工作结束后5天内，接口单位必须将其通行证件退还办证室。

（7）严禁未经授权在保卫区域内进行摄影、摄像。

（8）严禁穿拖鞋、无袖衣、短裤和超短裙进入施工保护区。

（9）严禁翻越围栏等保卫周界设施进入保卫区域。

（10）严禁在保卫区域内超速驾车或违章停车。

三、现场消防安全管理

1. 消防安全基本概念

火灾：是指在时间或空间上失去控制并对人身、财产造成损失的燃烧现象。

燃烧：是指可燃物与氧化剂相互作用发生的一种氧化放热反应，通常伴有光、烟或火焰。

燃点：是指一种物质燃烧时所放出的燃烧热使该物质能蒸发出足够的蒸气来维持燃烧所需的最低温度。燃点一般高于闪点。对于易燃液体，闪点越低，燃点与闪点的差值越小。

2. 火灾发生的三要素

（1）助燃物：凡能支持和导致燃烧的物质，如空气、氧气、氧化剂。

（2）可燃物：凡是能与空气中氧或氧化剂相互作用导致燃烧的物质，如可燃固体、液体、气体。

（3）点火源：凡是引起可燃物质燃烧的热能源，如明火、火花、摩擦和发热等。预防火灾的基本原理是控制可燃物、消除点火源、隔绝空气。

3. 火灾分类

根据可燃物的燃烧性能不同将火灾划分为A、B、C、D、E、F五类火灾：

A类：可燃物包含固体物质火灾，如木材、棉、毛、麻、纸张等。

B类：可燃物包含液体或可熔化的固体物质火灾，如汽油、煤油、柴油等。

C类：可燃物主要指气体火灾，如甲烷、天然气、煤气等。

D类：可燃物主要指金属火灾，如钠、钾、镁、铝镁合金等。

E类：指带电火灾，如物体带电燃烧的火灾。

F类：指烹饪器具内的烹饪物导致的火灾，如油锅着火。

4. 消防方针与消防责任

核电站的消防工作方针是"预防为主，防消结合"，而消防责任主要包括：

（1）严格遵守核电站消防方面的规章制度。
（2）受必要的消防知识培训。
（3）发现火险、违章行为和消防设施异常情况，应立即报告。
（4）发现火情时，立即报警，并尽可能安全地采取灭火行动。

5. 火灾报警及逃生

当发现火情后，可通过火警按钮、电话、大声呼救等进行报警，当按火警按钮后，还需电话报警。

核电站基地范围内火灾报警电话：基地区号＋电站区号＋119（消防人员到达火场速度最快）或119。

（1）电话报警内容主要包括：
① 火灾的地点和情况（如火灾类型、火势、人员伤亡情况等）。
② 报警人的姓名、单位、电话号码。
③ 回答接警人提出的问题，经接警人同意后再挂断电话。
④ 电话报警应控制好时间，尽量减少通话时间。

（2）逃生时注意事项主要包括：
① 保持镇定心理，不要恐慌，确定逃生路线。
② 利用湿毛巾（没有水源时也可用干毛巾或衣物）捂住口鼻，防止烟雾导致窒息。
③ 沿疏散路线（如安全门、疏散楼梯等）匍匐或低姿撤离。
④ 不要躲在狭窄角落避难。

6. 可燃物管理

（1）现场存放物料，须办理"现场物料存放许可证"。
（2）任何可燃易燃的液体或气体等危险品进入现场，必须办理"危险品准入证"。若需在现场存放，还须办理"危险品存放许可证"。
（3）现场存放物料应堆放整齐稳固，不得阻挡通道、消防器材，并加以标识。
（4）作业现场的废物、废油应立即清除并倒入指定的收集点或容器内。
（5）作业过程中保持现场整洁，作业结束后应及时清扫整理现场。
（6）上述各类许可证或准入证必须到核电站职业安全处办理，并严格落实许可证或准入证上的各项规定。

7. 动火作业管理

核电站通过"动火证"控制和消除点火源，以防止意外火灾的发生，进行动火作业管理。

动火证的办理条件：
（1）可能产生明火或高温的作业，如切割、打磨、焊接、电加热、使用碘钨灯等。
（2）使用可燃/易燃液体或气体，如清洗剂、燃油、油漆、溶剂等。
（3）存在爆炸隐患的作业场所，如制氢站、油漆区、油罐区、蓄电池室等。

"动火证"需到核电站安全管理部门办理。在动火作业过程中必须严格落实"动火证"上的各项规定。

8. 防火区的完整性管理

防火区是指由防火墙、防火门、防火封堵等构成的且相对密闭的空间区域,防火区的完整性管理是控制助燃剂的有效措施:

(1)如需将防火门、防火封堵短时打开或持续打开,均须办理"防火屏障打开许可证"。

(2)若临时打开防火门,并能持续监视,可使用防火门临时打开警示牌。

(3)工作临时中断或结束后,禁止将防火门卡在开启位置。

上述许可证须到核电站安全管理部门办理,并严格落实许可证上的各项规定。

9. 消防水的使用管理

(1)非消防目的禁止使用消防水。

(2)如果使用消防水,应办理"消防水使用许可证"。

四、安全原则

(1)核电站在工程建设、生产运营过程中会存在各种各样的安全风险,不安全行为可能对人的生命健康和核电站安全生产造成威胁。

(2)"安全第一"是我国安全生产工作的指导方针,核电站同样把人的安全放在第一位。

(3)所有的工作人员都要对自己的安全直接负责。

五、安全责任

(1)要求提供必要的劳动保护用品。

(2)要求遵守电站有关安全规定,服从安全人员的指导。

(3)要求接受和配合安全监督人员的检查和监督。

(4)要求在发现不安全情况时,立即采取避险措施,并立即报告。

(5)要求遵守核电站对员工的安全权利、义务和责任以及其他要求。

(6)要求员工有权利拒绝违章指挥和强令冒险作业,并拥有进行投诉、检举和控告的权利。

(7)要求不伤害他人,也不要被伤害。

第三节 安全案例分析

◆ 知识目标

(1)了解施工安全事故的发生原因。

(2)熟悉事故发生后的处理程序。

◆ 能力目标

(1)能够从事故案例中学到如何避免事故发生。

(2)学习如何减轻事故发生的损失。

2016年11月,某发电厂三期扩建工程发生冷却塔施工平台坍塌特别重大事故,造成73人死亡、2人受伤,直接经济损失10 197.2万元。依据《中华人民共和国安全生产法》和《生产安全事故报告和调查处理条例》(国务院令第493号)等有关法律法规,国家成立了特别重大事故调查组,由安全监管总局牵头,多部委参与,全面负责事故调查工作。同时,邀请最高人民检察院派员参加,并聘请了建筑施工、结构工程、建筑材料、工程机械等方面专家参与事故调查工作。事故调查组坚持"科学严谨、依法依规、实事求是、注重实效"的原则,通过现场勘验、调查取证、检测鉴定、模拟试验、专家论证,查明了事故发生的经过、原因、人员伤亡和直接经济损失情况,认定了事故性质和责任,提出了对有关责任人员和责任单位的处理意见,以及加强和改进安全工作的建议。

调查认定,该冷却塔施工平台坍塌特别重大事故是一起生产安全责任事故。

1. 事故直接原因

经调查认定,事故的直接原因是施工单位在7号冷却塔第50节筒壁混凝土强度不足的情况下,违规拆除第50节模板,致使第50节筒壁混凝土失去模板支护,不足以承受上部荷载,从底部最薄弱处开始坍塌,造成第50节及以上筒壁混凝土和模架体系连续倾塌坠落。坠落物冲击与筒壁内侧连接的平桥附着拉索,导致平桥也整体倒塌。

2. 有关责任单位存在的主要问题

本次冷却塔施工平台坍塌特别重大事故的责任单位在工程施工中存在以下问题:

(1)安全生产管理机制不健全。

(2)对项目部管理不力。

(3)现场施工管理混乱。

(4)安全技术措施存在严重漏洞。

(5)拆模等关键工序管理失控。

3. 事故防范措施建议

(1)增强安全生产红线意识,进一步强化建筑施工安全工作。

(2)完善电力建设安全监管机制,落实安全监管责任。

(3)进一步健全法规制度,明确工程总承包模式中各方主体方的安全职责。

(4)规范建设管理和施工现场监理,切实发挥监理管控作用。

(5)夯实企业安全生产基础,提高工程总承包安全管理水平。

(6)全面推行安全风险分级管控制度,强化施工现场隐患排查治理。

(7)加大安全科技创新及应用力度,提升施工安全质量。

安全是人的生命线，人的生命和健康是最宝贵的财富。无论多么重要和有价值的其他事物，如果不能保障人的安全，就失去了意义。因此，安全是最基本的需求，它直接关系到我们的生命和健康。安全需求应优先考虑：在工作和生活中，我们应当将安全置于首位。在做决策和行动之前，应当评估风险，并采取相应的措施保障安全。安全意识与行为应贯穿于一切活动中：安全不能仅仅是口头上的说辞，而是应体现在每个人的意识和行为中。每个人都应当具备安全意识，时刻关注周围的安全风险，采取合适的行动来保障生命和健康。个人安全与社会安全是相互关联的：个人安全不仅是个人的责任，也是社会的责任。一个安全的社会是由每个人的努力和行动累积起来的。因此，每个人都应承担起自己的安全责任，为共同的安全创造良好的环境。

◆ 课后练习

一、选择题

1. 高于或等于（　　）m 的高空作业必须使用安全带，按要求穿戴，不得自行更改、简化安全带。

　　A. 1　　　　　　　　B. 2　　　　　　　　C. 3

2. 有交叉施工作业时，作业人员应事先（　　），明确各自职责范围，防止不相容作业同时进行。

　　A. 自行安排　　　　　B. 严格按计划执行　　　C. 协调沟通

3. 在施工作业时，所用物件要（　　）存放、使用。

　　A. 按规定　　　　　　B. 随意　　　　　　　　C. 以方便为原则

4. 工作时需要上下传接物件，如果两个人距离仅有 2 m，（　　）直接传递。

　　A. 可以　　　　　　　B. 不得

5. 使用的危险化学品，其包装、标签（　　）完好。

　　A. 必须　　　　　　　B. 不必

6. 使用后剩余的危险品必须回收至危险品库，（　　）

　　A. 可以自行保留　　　B. 不允许随意倾倒、丢弃　　　C. 可以丢掉

7. 开工前，（　　）判断工作场所有无安全风险。

　　A. 随便看看　　　　　B. 不用　　　　　　　　C. 要确认

8. 在作业中要时刻注意空气中氧含量，确认高于（　　）。

　　A. 18.5%　　　　　　B. 19.5%　　　　　　　C. 20.5%

9. 在作业过程中懂得该如何进行线路安装，即可从事相应的工作，无须取得相应的低压或者高压作业资格。（　　）

　　A. 错误　　　　　　　B. 正确

10. 只要身体健康状况良好，可以不用遵守现场连续作业时间要求。（　　）

　　A. 错误　　　　　　　B. 正确

二、简答题

1. 核电站通行证的种类有哪几种？
2. 预防火灾的基本原理是什么？
3. 消防方针与消防责任有哪些？
4. 动火证办理的注意事项有哪些？
5. 我国安全生产工作的指导方针是什么？

第 5 章

核电站辐射与防护

提到核电站，很多人第一时间想问的就是核电站是否有辐射。辐射对人体的危害有多严重呢？接触核电工程后是不是就会被辐射呢？

在核电站运行过程中，非正常核辐射会给人体、动物和环境带来一定的伤害，如人体遭受一定量辐射会造成白血病、癌症甚至死亡。所以，核电站及其工作人员必须做好核辐射的防护工作。

第一节 核辐射危害

◆ **知识目标**

（1）了解辐射的概念。
（2）了解辐射的分类及对人体产生的影响。

◆ **能力目标**

（1）能说出辐射的定义。
（2）能具体描述核辐射产生的危害。

一、辐　射

辐射是由辐射源发出的电磁能量部分脱离场源向远处传播而后不再返回场源的现象，电磁能量以电磁波或粒子（如 α 粒子、β 粒子等）的形式向外扩散，是自然界中普遍存在的现象，所以辐射并不是什么可怕的东西。人类以及自然界中的其他物体，只要温度在绝对零度（-237.15 ℃）以上，都会发出辐射。

辐射通过各种各样的途径进入我们的生活。有的来自天然的过程，如地球上铀的衰变。有的来自人工的操作，如医学中使用的 X 射线。因此，我们按照来源将辐射分为天然辐射和人工辐射。

天然辐射一般是无害的，包括宇宙射线、空气中的氡的衰变产物，建筑物、土壤以及包含在食物及饮料中的各种天然存在的放射性核素。

人工辐射包括医用 X 射线、来自大气核武器试验的放射性灰尘、由核工业排出的放射性废物、工业用 γ 射线等。

核辐射的形式常见的有 α、β、γ 三种射线。α 射线是氢核，β 射线是电子，这两种射线由于穿透力小，影响距离比较近，只要辐射源不进入体内，影响就不会太大。γ 射线的穿透力很强，是一种波长很短的电磁波，受照剂量超过一定的程度会引起放射病乃至死亡。

二、生活中的辐射

正如物体的质量可以用克、千克以及吨等单位度量，辐射也可用专门的单位度量。随着辐射对人体影响研究的不断深入，人们为了描述辐射量的大小与其所导致的机体健康危程度，定量地评估辐射照射有可能导致的风险，学者们引入了有效剂量的概念。

有效剂量的单位是希沃特，用符号 Sv 表示，是以瑞典著名的核物理学家希沃特的名字命名的。希沃特是个量值很大的单位，在实际应用中，更多地使用毫希沃特（mSv）或微希沃特（μSv），其中 1 Sv = 1 000 mSv，1 mSv = 1 000 μSv

数据显示人类每时每刻都生活在各种辐射中，个人年有效辐射剂量见表 5-1。

表 5-1　个人年有效辐射剂量　　　　　　　　　　单位：mSv

辐射类型	年有效剂量
飞机飞行 2 000 km	0.01
戴夜光表	0.02
空气、食物、水	0.25
来自宇宙射线	0.4
地面 γ 射线	0.5
每天抽 20 支烟	0.5~1

核辐射是原子核从一种结构或一种能量状态转变为另一种结构或另一种能量状态过程中所释放出来的微观粒子流。核辐射的放射性，存在于所有的物质之中，这是亿万年来存在的客观事实，是正常现象。在开展核能公众沟通的实践活动中，人们会存在着疑惑：国家标准规定公众的年有效剂量限值是 1 mSv，那么是不是超过 1 mSv/年就会有危险？

国家核安全局公布的《公众辐射剂量限值》规定：1 mSv/年这一个年有效剂量限值，是参照国际辐射防护委员会 ICRP 的建议，写入了国家标准《电离辐射防护与辐射源安全基本标准》（GB 18871—2002）之中。

本标准适用于实践和干预中人员所受电离辐射照射的防护和实践中源的安全。概括起来就是适用于实践、干预和（辐射）源。

1. 实　　践

（1）源的生产和辐射或放射性物质在医学、工业、农业或教学与科研中的应用，涉及或可能涉及与辐射或放射性物质照射的应用有关的各种活动（如核技术应用）。

（2）核能的产生，包括核燃料循环中涉及或可能涉及与辐射或放射性物质照射相关的各种活动（如核能全产业链）。

（3）监管部门规定须加以控制的涉及与天然源照射的事件（如航空航天）。

（4）监管部门规定的其他实践。

2. 干 预

（1）要求采取防护行动的应急照射情况。

（2）要求采取补救行动的持续照射情况。

3.（辐射）源

（1）放射性物质和载有放射性物质或产生辐射的器件，包括含放射性物质消费品、密封源、非密封源和辐射发生器。

（2）拥有放射性物质的装置、设施及产生辐射的设备，包括辐照装置、放射性矿石的开发或选冶设施、放射性物质加工设施、核设施和放射性废物管理设施。

（3）监管部门规定的其他源。

GB 18871—2002主要是针对核科学与技术领域出现的电离辐射防护这一问题而制定的国家标准。任何不能采用本标准的规定来控制照射的大小或可能性的照射情况，如人体内的钾-40、到达地球表面的宇宙射线所引起的照射，均不适用本标准，即应被排除在本标准的适用范围之外。也就是说不能人为控制的天然本底照射，不在GB 18871—2002的适用范围之内。

实践表明，有关人群受到的平均剂量估计值不应超过下述相关限值：

（1）年有效剂量为1 mSv。

（2）特殊情况下，如果5个连续年的年平均剂量不超过1 mSv，则某一年份的有效剂量可提高到5 mSv。

（3）眼晶体的年当量剂量为15 mSv。

（4）皮肤的年当量剂量为50 mSv。

年平均剂量不超过1 mSv，是指关键人群组（如核电厂周边多少千米内的人）的平均剂量的估计值，简单地说就是按照模型估算的集体剂量除以人数，而不是针对单个人的剂量安全限值。因此，不能说一个人一年的有效剂量超过1 mSv就不安全了，实际上本底辐射的剂量一个人大约就有3.13 mSv。

研究数据表明，人的整个身体瞬间接受剂量在100～500 mSv时，人身体没有不适的感觉，但是血样中白细胞数量在减少；剂量在1 000～2 000 mSv时，人体会出现疲劳、呕吐、食欲减退、暂时性脱发等现象，身体中的红细胞会减少；剂量达到2 000～4 000 mSv时，人体的骨髓和骨密度会遭到破坏，红细胞和白细胞数量极度减少，人体会出现内出血、呕吐、腹泻等症状；剂量大于4 000 mSv时，会导致死亡情况。辐射对人体的影响如图5-1所示。

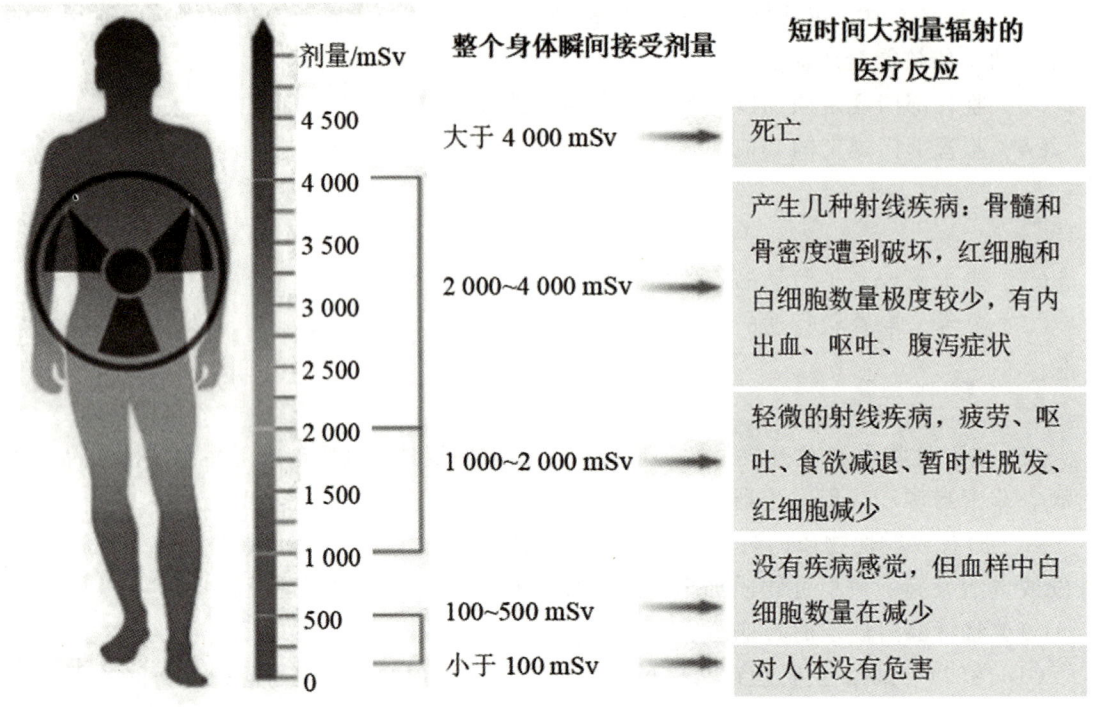

图 5-1 辐射对人体的影响

三、辐射的分类

依据辐射的能量不同,将辐射分为电离辐射和非电离辐射。

1. 电离辐射。

电离辐射是指波长短、频率高、能量高的射线(粒子或波的双重形式)。电离辐射善于"隐形",我们看不到、摸不到、闻不到,但是却伤人于无形。随着技术的发展,电离辐射在医疗、工业、农业、环境、安保、航空航天、考古、核电等行业发挥越来越重要的作用。

电离辐射能量较高,可以直接造成 DNA 破坏和基因突变,因此可能致癌。而非电离辐射能量较低,不足以直接引起基因突变,因此普遍认为不致癌。在新冠疫情期间,医用防护服一度成为紧缺物资,利用电离辐射方法将医用防护服消毒灭菌的时间由化学方法的 7~14 天缩短到 1 天以内。据国际原子能机构的相关数据显示,每年大约有 1 200 万平方米的医疗器械采用辐射方法进行消毒。全球生产的所有一次性医疗器械,40%以上采用辐照灭菌的方法。一次性输液器、注射针管、手术器械等,大都是经过辐照消毒的。

电离辐射从被核科学家发现的那一刻起,不仅用于医用消毒,也被用作为一种诊断手段、一种治疗工具,广泛应用于影像医学、核医学、放射治疗等领域。如X射线机、CT机、伽马刀等都是电离辐射设备。当前比较热门的重离子治疗肿瘤,也是电离辐射中响当当的后起之秀。

2. 非电离辐射。

非电离辐射是指比 X 射线的波长更长的电磁波，由于能量低，不能引起物质的电离，故称为非电离辐射。如通信基站、广播电视、手机、微波炉、红外遥控器、雷电等都被称为非电离辐射。

长期受辐射照射，会使人体产生不适，严重的可造成人体器官和系统的损伤，导致各种疾病的发生，如白血病、再生障碍性贫血、各种肿瘤、眼底病变、生殖系统疾病、早衰等。放射性照射还会产生一些随机效应，比如某个特定部位的癌症、遗传疾病等。它发生的概率与剂量大小有一定关系，但严重程度却与剂量值关系不大。

据国际放射防护委员会的估计，长时间低剂量率的照射，引发恶性肿瘤的概率是很低的，诱发严重遗传疾病的概率为 1%。基于以上分析，我们今后对放射性的危害应该既不要过分紧张，也不掉以轻心。

第二节 辐射防护基本知识

◆ **知识目标**

（1）了解辐射防护的分类。
（2）了解外照射防护和内照射防护的方法。

◆ **能力目标**

能准确判断出如何有效进行辐射防护。

1. 辐射作用于人体的方式

生物界乃至人类在千百万年的进化过程中，一直存在于天然照射下，生命已经适应了这种弱的放射性环境，与天然本底相当的照射对健康是没有任何影响的。但是，较大剂量的照射必然会产生相应的生物学效应。大量数据与研究表明，能从临床上观察到影响的照射阈值剂量，一般来说小于 100 mSv 的照射不会引起急性不良后果。但是如果接收照射的剂量比较大，或者时间比较长，就必须做好防护措施。

我们常说的"核辐射"就属于电离辐射。电离辐射主要包括 α、β、X、γ 辐射及中子辐射等。辐射防护分为外照射的防护和内照射的防护。

2. 外照射及防护

外照射是指我们身体外的某一个放射源发出射线穿透我们的身体从而产生照射剂量，外照射包括均匀全身照射和局部照射。

外照射防护的基本原则是尽量减少或避免射线从外部对人体的照射，使人体所受照射剂量不超过国家规定的剂量限值。研究表明，外照射剂量值的大小与放射性源的强度

成正比,与接受照射的时间成正比,而与人员到放射源的距离的平方成反比。所以,外照射防护的有效手段主要包括:

(1)距离防护。增加人员与放射源的距离,如采用自动化遥控方式实现远距离操作,当需要手工操作时采用长柄工具等。

(2)时间防护。尽量缩短人员在放射性区域停留的时间,如实行控制区管理,禁止随便进入有放射性源的地点;提前做好准备工作,使得在有放射性区域的工作能准确快速地完成,避免延时或返工。

(3)屏蔽防护。为了减少放射性源的照射强度,可以采用屏蔽措施。不同的射线对物质的穿透力是不同的。相比之下,γ射线的穿透力最大,而中子的放射生物学效应最高。常用的屏蔽材料有水泥、铁、铅,厚水层也有很好的防护效果。放射性很高的核燃料组件的操作在水下 8 m 深处进行,水面上的操作人员就可以获得令人满意的保护。

在实际工作过程中,一般综合利用上述三种防护方法,以达到最佳的防护效果。

3. 内照射及防护

内照射是指放射性物质进入人体内部,存在于人体内的放射性核素对人体造成的辐射照射。放射性核素的体表沾染是指放射性核素沾染于人体表面(如皮肤和黏膜)。沾染的放射性核素对沾染局部构成外照射源,同时经过体表吸收进入血液构成内照射源。

核事故时释放的放射性核素组分复杂,能通过呼吸系统、消化系统、皮肤等进入体内,对人体产生危害。当核电站产生核泄漏时,在人体内的放射性核素可能对人体产生较大危害,这主要是由于碘具有浓集在人体甲状腺的特性,放射性碘-131 在甲状腺浓集后发射的电子可能造成甲状腺的严重损伤。

内照射防护的基本原则是制定各种规章制度,采取各种有效措施,阻断放射性物质进入人体的各种途径,使摄入量减少到尽可能低的水平。因此,辐射防护必须贯彻到伴有辐射照射的实践全过程中,通过选择最佳的防护措施和防护方案来达到以最小的代价获得最大利益的目标。所以,内照射的有效防护手段主要包括:

(1)在即将处于放射性严重污染区域,在医生的指导下服用稳定碘片(即碘-127,成分为碘化钾或碘酸钾)。甲状腺对碘的吸收是有饱和性的,用没有放射性的碘-127 饱和甲状腺,以预防碘-131 在甲状腺的浓集。

(2)采取室内隐蔽方法,如关闭门窗,打开换气扇、空调等,防止室外污染物进入室内;不要使用室外的食物和水源;如需在室外活动,尽量采取全身防护,减少皮肤裸露面积,从室外回室内后用肥皂清洗全身。

(3)禁止在核电站控制区内吃东西、喝水、嚼口香糖等。因为放射性碘很容易进入人体,在必要时可以先补充一些稳定的碘盐,使体内的碘含量饱和,这可以减少对放射性碘的吸收。

(4)为了防止放射性物质粘在皮肤上由皮肤渗入体内,进入放射性工作区的人员要穿特制的连体服。如果空气中含有放射性物质,工作人员还要穿上特制的气衣,这样可以吸入干净的空气。

（5）如果放射性物质已经进入体内，就要用特定的药物促使它尽快排出来。我国的传统饮料（如茶水）也有助于放射性物质的排泄。

由此可见，内照射防护的核心目的就是不让放射性物质进入人体。为了保护工作人员，核电站应该向员工提供辐射防护用品和个人辐射剂量仪表，建立职业健康管理系统，员工每年参加体检并保留个人健康档案。

◆ **课外拓展**

如果有核辐射产生，首先要通过广播、电视、网络等官方渠道获取可靠信息，了解政府部门的决定和通知，听从统一指挥，不可轻信谣言。如果是核事故早期，大量放射性物质释放到大气中，需要尽快寻找并有序进入建筑物内，如室内、地下室等场所，这样可以把外照射剂量减小到室外的 10%～50%。在室内还要注意关闭窗户和通风系统，降低因吸入放射性物质导致的辐射剂量。如果必须外出，要尽量减少皮肤直接暴露在受污染的空气中，可以穿戴长衣、长裤、雨衣、眼镜、手套等进行防护；注意扎紧"三口"，即：袖口、裤口、领口；注意遮挡甲状腺部位；用口罩、毛巾等捂住口鼻，减少放射性物质的吸入；回家后马上淋浴洗澡，更换衣物，脱下来的衣物放在塑料袋中密封保存，做好标记交给专业人员检测或处理；家里的食物要用保鲜膜封存，置于密闭容器或冰箱内，严禁食用被污染的食物，可以选择瓶装水或饼干等密封食品代替。

如需服用碘片，必须在医生指导下进行，严禁自行服用。最佳服用时间为预期受照射前 24 h 至受照射后 2 h。受辐射 6 h 后服药，甲状腺剂量减少约 50%；受辐射 12 h 后服药，预期防护效果很小；受辐射 21 h 后服药已基本无效，服用后可能弊大于利。所以服药尽量选择最佳时期。尤其需要注意的是平时生活中的碘盐并没有防辐射的效果。

我国生态环境部环保电话是 12369，发现问题可以及时拨打。

第三节　辐射防护的原则

◆ **知识目标**

（1）了解核电站的保卫分区。
（2）了解辐射的三项通用基本原则。

◆ **能力目标**

（1）能解释辐射的定义。
（2）能熟记控制区的分类标准。

1. 辐射照射（剂量）单位及辐射防护区的建立

辐射照射剂量就是高能粒子流（射线）每单位物质质量所接受的辐射能量，常用戈瑞

（Gray）作为计量单位，是吸收剂量的标准单位。戈瑞和另一个单位希沃特（Sv）是等价的，在描述X射线、γ射线、β射线的辐射剂量时权重因数都是1，二者单位相同。戈瑞在实际应用中用于描述辐射吸收剂量的大小，希沃特则描述当量剂量；戈瑞主要应用在医学领域，描述放射线疗法以及核医学中使用的辐射剂量，希沃特是一个国际单位制导出单位，用来衡量辐射对生物组织的影响程度。

核电站按保卫方式进行分区，划分为警戒区、保护区、控制区、要害区、辐射分区（图5-2），常规岛不在控制区。

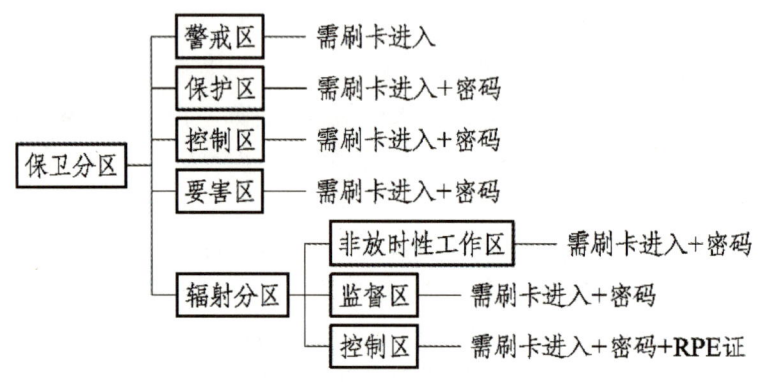

图 5-2　保卫分区

图中除辐射分区，其他区域都需要控制行为通行。在辐射分区中，非放射性工作区（简称非限制区）辐射剂量≤0.001 mSv/h，不受居留限制。监督区（简称白区）辐射剂量≤0.002 5 mSv/h，每年在此区累计工作时间应少于500 h。

辐射分区中控制区的分类标准：

（1）常规工作区（绿区）：辐射剂量≤0.01 mSv/h，每周工作时间少于40 h。

（2）间断工作区（黄区1）：辐射剂量≤0.1 mSv/h，每周工作时间少于4 h。

（3）限定工作区（黄区2）：辐射剂量≤1 mSv/h，管理进入。

（4）高辐射区（橙区）：辐射剂量≤10 mSv/h，限制进入。

（5）极高辐射区（红区）：辐射剂量>10 mSv/h，禁止进入。工作人员一般都在白区、绿区、黄区1等区域工作。

2. 辐射的三项通用基本原则

（1）实践的正当性原则。

实践的正当性原则是指在实践活动时必须权衡利弊。除了确定实践活动的正当性外，还要考虑实践活动中每一次操作的正当性，需要确保效益≥代价+风险。

（2）防护的最优化原则。

防护的最优化原则是指在综合考虑经济和社会因素之后，使任何辐射照射保持在尽可能低的水平，即ALARA原则。

（3）个人剂量限值原则。

个人剂量限值原则是指从事放射性职业的工作人员和其他人群所受的辐射照射当量剂量必须小于国家标准规定的当量剂量限值。个人剂量限值是指个人在一年内所受到外照射和内照射的总剂量。

由此可见，采取任何可以接受辐射剂量的行为前，都要经过事先论证、科学分析以满足个人利益和社会效益大于辐射造成的危害。

国家标准 GB 18871—2002 规定公众受照射的个人剂量限值为 1 mSv/年，从事放射性职业工作人员受照射的个人剂量限值为 20 mSv/年，核电站周围居民受照射的个人剂量限值为 0.25 mSv/年。

第四节　核废料的后处理

◆ 知识目标

（1）了解核废料的定义及核废料的形态。
（2）了解核废料处理的原则。

◆ 能力目标

（1）能列举出核废料处理的方法。
（2）能说出核废料处理过程中需要的注意事项。

核电站的迅速发展，有效缓解了能源问题的困扰，核电已经成为发达国家的主要能源。核电的快速发展必将产生大量的高放射性废物，其中锝、铯、锶等高放射性核素和钚、镅等超铀元素具有高放射性、半衰期长的特点，对人类的生存环境产生危害。因此，高放废物的安全处置问题引起了世界各国的关注，已经成为核技术发展的一个难题。

1. 核废料

核废料泛指在核燃料生产、加工过程中产生的以及核反应堆使用后的具有放射性的废料，其形态有液态、固态和气体三种。核废料也可专指核反应堆用过的乏燃料，经后处理回收钚-239 等可利用的核材料后，余下的不再需要的并具有放射性的废料。

核废料分为高放、中放和低放三种类型：

（1）低放射性废物是指受轻微污染的固体和液体，如：衣服、手套、淋浴后的水等。
（2）中放射性废物是指核电站的固体和液体废物，如：用过的反应堆组件及零件。
（3）高放射性废物是指乏燃料经处理（提取有用物质）后剩下的废物。

核废料具有放射性、射线危害、热能释放三种特征，并且具有危害性强、难运输、难储存、难降解的特点。因此对于核废料的处理具有必要性与艰巨性的双重特性。

2. 核废料处理原则

由于核能发电相对于其他发电有着较为突出的优势，核能发电逐渐成为各国的电力支柱。核废料的产生是无法避免的，核废料的处理一直是全世界都绕不开的话题。对于核废料的处理有三个基本原则：

（1）使之迟延与衰变。

（2）稀释与分散。

（3）浓缩与储存。

目前，对于低放射性的废气一般采用喷淋、清洗、过滤、浓缩的办法，使放射性降低到一定的标准后，通过高烟囱排放到大气中去；对低放射性的废液，采用净化的方法，即通过化学沉淀、蒸发、离子交换等三道工序进行处理，使其达到排放标准，然后排放掉或循环重复使用；对于高放射性废物，必须进行特殊处理，将它永久隔离起来。核废料处理中，高放射性废物包含核电站使用过的燃料（称为乏燃料），须经玻璃固化程序（将制造玻璃的原料在高温下与高放射性废物混合），然后深埋于地下。

由于核废料的处理必须是永久性处理，因此必须满足以下要求：

（1）对生态环境不会造成污染。

（2）储存后不再需要管理，也不需要监督。

（3）对于子孙后代不会造成任何后患。

3. 目前常用的核废料处理方法

（1）深地层埋藏的处理方法。

目前，科学家经过不断探索和实验研究，认为最理想的核废料处理技术是深地层埋藏法。该方法首先在高温下将核废料粉碎，然后加入焚化了的玻璃液中，冷却后变成块状的形态，把块状物体埋入不渗水的结晶岩石或花岗岩结构。埋入深度500～1 000 m地下井内，周围用膨润土和特制的黏土回填固封。这种方法在放射性废物上形成了四道保护层分别是：

① 具有防水性能和耐辐照性能好的玻璃固化体。

② 能经受长期地下水浸蚀的用铜、锌等合金制造的容器。

③ 固封回填后，可防止放射性物质向外扩散。

④ 坚固结晶岩或花岗岩，对放射性物质有巨大的吸附、滞留和稀释作用。

深地层埋藏的处理方法的核心技术与难点在于：

① 需要包容率高、稳定性好的玻璃固化配方，形成的玻璃体能包容放射性物质千年以上。

② 需要耐1 150 ℃以上高温且年腐蚀速率小于15 mm的熔炉，保障玻璃熔制条件。

③ 需要自动化、远距离操作系统设备，需要强大的工业与制造业基础做支撑。此前，世界上发达国家如德国、美国、法国等已经具备了实现该方法的条件。

（2）回收利用的处理方法。

回收利用的处理方法，是从核废料中提取回收钚和铀，然后将其安装到其他当量相对较低的反应堆中，从而实现核废料的再利用。这种处理方法不仅可以有效处理核废料，还能延长核燃料的使用寿命，可谓一举两得。此外，研究人员已成功地开发出将核废料中的镍-63 等元素转化为核动力电池的方法。

从 1969 年开始，日本向英国和法国运送了约 7 000 t 的核废料，在欧洲进行核废料的处理和再利用。经过近 30 年的努力，法国和英国成功地利用了一部分核废料，他们又将剩下的核废料封存起来，运送回日本。日本收到后采用了一种相对廉价又有效的方法进行储存，即将其埋藏在地下深处，这也是世界各国普遍采用的做法。

（3）我国核废料的处理方法。

目前，我国对中低放射性核废料，按照国家标准和国际原子能机构的要求进行处理。不论是固体核废料还是液体核废料，都要进行固化处理，然后装在 200 L 的不锈钢桶里，放在浅地层的处置库里。我国对核电站流出液的放射性浓度有极其严格的规定，废水经过净化处理之后，在废水排放口下游 1 km 处水的放射性浓度必须达到饮用水标准（总 β 指标值为 1 Bq/L），与国际标准一致。

不同堆型产生的废水不完全相同。对于应用最广泛的压水堆核电厂，产生的各类废水的处理工艺也不相同。

① 工艺废水的处理方法。工艺废水主要是冷却剂相关系统（如设备、管道和阀门）所产生的疏水和引漏水。根据其放射性水平和盐含量的不同，可采用预过滤、离子交换、蒸发等方法处理。

② 设备去污废水的处理方法。设备去污废水主要是放射性设备去污过程中产生的去污废水，其盐含量较高，一般采用蒸发处理。

③ 地面冲洗废水、淋浴水和洗衣房水的处理方法。这类废水的放射性水平很低，可经过滤后排放，或采用蒸发处理或膜过滤（反渗透、纳滤或超滤等）处理。如废水含有洗涤剂，蒸发时则需添加消泡剂，或预先分解洗涤剂。

核电站产生的放射性废液属于中、低放射性物质，经过净化、浓缩后采用塑料、环氧树脂等固化在金属桶内；对于低放射性废液经过上述净化处理后，经检测符合规定值后稀释排放。

◆ **课后练习**

1. 什么是辐射？
2. 所有的辐射都对人体有影响吗？辐射对人体会有哪些影响呢？
3. 为了避免对人体有害的辐射，工作中需要注意哪些事项？
4. 长期把手机放在床头是否会对身体造成损害呢？
5. 查阅资料，列举生活中存在哪些辐射。
6. 辐射防护的分类有哪些？
7. 简述外照射的防护措施有哪些。

8. 简述内照射的防护措施有哪些。
9. 辐射防护区的分类有哪些？
10. 辐射的三项通用原则是什么？
11. 什么是核废料，包含哪些物质？
12. 核废料的处理原则有哪些？
13. 请列举核废料处理的方法。

第 6 章

核电站应急响应

核应急响应是指在核事故或其他核安全事件发生时,为了保障人们生命财产安全而采取的应急措施与行动。核应急响应是国家应对突发事件的一个重要组成部分,也是保障国家和人民核安全的必要手段。核应急响应的基本原则是"及早、科学、有效、安全、公开、透明",其核心内容包括事前预防、事中应急和事后处置。事前预防主要包括核安全监管特别是核设施安全管理、核事故应急预案编制和演练等工作。事中应急则是指在核事故或其他核安全事件发生时,立即启动应急预案,尽快控制事态,减少人身伤害和财产损失。事后处置则是指在核事故或其他核安全事件得到控制之后,进行后续处理、污染防治和复原重建等工作。在核应急响应的过程中,各级政府和有关部门、企业需要发挥自己的职责和作用,采取协调、统一指挥的方式进行工作。同时,需要依托科技和信息化手段,加强核安全监管和信息共享,提高应急响应和处置的效率和水平。总之,核应急响应是维护国家核安全、保障人民生命财产安全的必要措施,需要各级政府和有关部门的共同努力和社会各界的大力支持。只有在实践中不断积累经验和教训,加强预防和应急处置能力,才能更好地应对核安全风险和挑战,确保人民幸福安康和社会和谐稳定。

核电站的应急预案是针对可能发生的意外事故而制定的应急响应计划,它包括了核电站应急待命、厂房应急、厂区应急和厂外应急等多个方面。

第一节 核电站的潜在风险

核电站特点主要有以下几点:①生产过程中,有可能在极短时间内产生比设计功率高出很多的功率,因此在电站运行期间必须保证有足够的手段控制反应堆功率;②原子核裂变过程中,除产生所需的核能外,还伴随较强的电离辐射,如 α 射线、β 射线、γ 射线、中子射线等,即使在反应堆停闭后电离辐射还会存在很长一段时间,因此必须在电站设置足够的屏蔽措施;③裂变反应停止后,反应堆还会产生大量的衰变余热,必须保证反应堆停闭后的长期冷却;④核电站还会产生大量的带有放射性的废物,特别是使用后的乏燃料,对这些废物必须妥当处置,严防泄漏。以上特点决定了核电站具有不同常规电厂的潜在安全风险问题,即核安全,一旦上述控制措施失效,就有可能导致放射性核素向周围环境的失控释放,造成放射性污染。

反应堆放射性的来源最初来自原子核裂变产生的裂变碎片的衰变,但随电站运行时间的增加,活化放射性物质也逐渐产生和增加。在堆芯裂变产物中,既有易挥发的裂变核素,也有固态的裂变核素。在电站发生严重事故情况下,如果堆芯不发生类似爆炸的事故,固态的裂变核素基本上可以被滞留在堆芯里面,而向环境释放的主要是易挥发的裂变核素,图 6-1 简单表示了核电站事故情况下放射性物质的释放途径。

图 6-1　放射性物质在大气中的扩散过程

1979 年 3 月 28 日,美国三里岛核电站发生了商用压水堆电站历史上最严重的事故——堆芯熔化事故。三里岛核电站位于美国宾夕法尼亚州,共有两台电功率 900 MW 的压水反应堆,其中发生事故的为仅投产三个月的 2 号机组。由于设备失效及操作人员对事故情况判断失误而导致错误操作造成反应堆堆芯部分熔化,大量放射性核素泄漏到安全壳中,由于安全壳的完整性没有受到破坏,释放到环境中的放射性核素很少,不会对环境和人造成伤害,但该事故对公众心理造成很大不良影响。

核电站一旦发生严重事故,对环境和人类造成的破坏和伤害是非常严重的,并且其后果会延续很长的一段时间。因此在电站设计、建造、运行、退役等整个电站寿期内电站营运者应采取足够的安全措施以保障电站的安全,同时核电站工作人员和公众也必须对核电站的风险有清晰、正确的认识和理解。

虽然核电站有上述的潜在风险,但核电站从设计、建造、运行、退役等整个电站寿期内设置了一系列的安全措施来保证电站的安全运行,只要严格遵守相关的运行管理规定,核电站的运行安全是可以得到保障的。

1. 三道安全屏障

核电站在放射性产物和人及其所处的环境之间设置三道屏障,力求最大限度地包容放射性物质,从实体上实现放射性和人的隔离。这三道屏障就是燃料包壳、一回路压力边界和安全壳,如图 6-2 所示。

燃料包壳作为第一道屏障,将核燃料密封包装在里面。只要包壳不出现破损,裂变产物就被密封在包壳里面,不会泄漏出来。因此为保证包壳的完整性,电站制订了严格的运行管理规程,严格控制燃料的功率密度和水质质量,不允许超出设计值。

即便包壳由于受到辐射照射、水力冲刷以及腐蚀等作用出现破损,裂变产物也只是泄漏到主冷却剂里面。基本上处于封闭环路的一回路压力边界则起到第二道屏障的作用。一回路压力边界主要包括压力容器、蒸汽发生器、稳压器、主泵、主冷却剂管道及其阀门等承受主冷却剂压力的设备。为保障压力边界的完整性,对这些设备材料的选择、制造、运行、维修等也制定了严格的管理规定。

为防止极限事故情况下,一、二道屏障失效,核电站一般都设计建造了第三道屏障——安全壳。核反应堆、主冷却剂系统及相应系统设备都布置在安全壳内。安全壳是一个顶部为球形的圆柱形预应力钢筋混凝土建筑物,安全壳壁厚 900 mm,并且内衬一层不锈钢层,具有较好的抗内外冲击能力,如龙卷风、地震、外来飞射物等。只要安全壳不出现破损,放射性基本上都可以屏蔽在里面,不会造成大量向环境的释放。安全壳是防止放射性向环境释放的最后一道实体屏障。

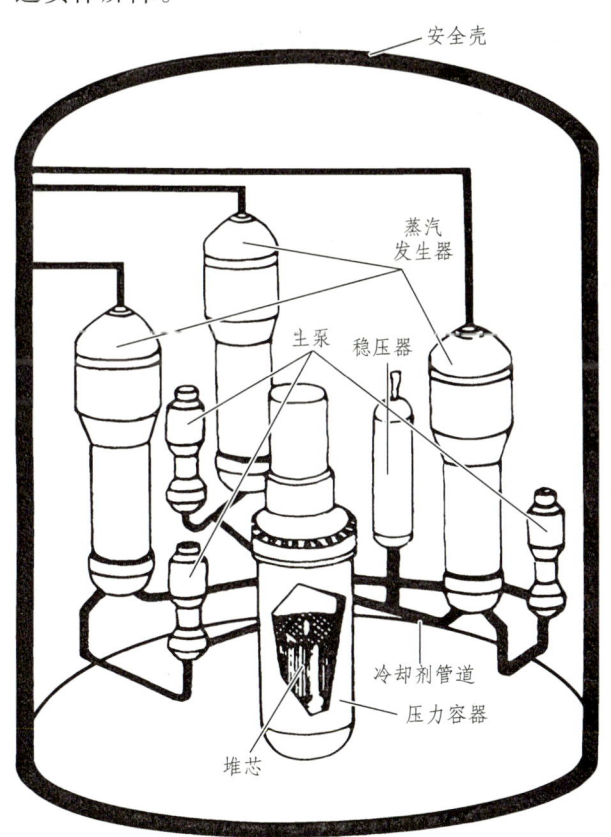

图 6-2 核电站三道安全屏障

2. 纵深防御

所谓纵深防御就是考虑到核电站在设计、建造、运行、退役等寿期内由于设备、技术、人为的以及组织管理上的失效，而设立的多层次的防御线。纵深防御是核电站安全的设计原则和设计思想，并贯穿于电站的整个寿期内。它主要表现在以下几个方面：

预防：通过采取保守设计、使用成熟技术、加强质量控制、建立严格的管理制度、加强电站工作人员知识和技能培训、建立良好的核安全文化等措施来防止事故的发生。

监督与维修：通过精心控制、测试和监测，提前或及时发现电站缺陷而加以解决，从而消除缺陷于萌芽之中，保障电站安全屏障不受破坏，以防止缺陷扩大以至失去控制而导致事故发生。事故缓解：一旦事故发生，通过预先设置的反应堆自动保护系统、专设安全设施系统等限制和减少放射性释放。同时制定事故规程以指导运行人员正确采取行动加以干预，降低事故后果。

应急计划：电站以及电站所在地地方政府制定核事故应急计划，以便在发生超设计基准事故情况下，保护场内外公众免受或少受过量的辐射照射。应急计划是直接对人实施干预，是核电站纵深防御的最后一道安全措施。

第二节 应急响应的基本知识

◆ 知识目标

（1）了解核安全法规。
（2）了解核应急法规的由来。

◆ 能力目标

（1）能说清楚核应急演习分为哪几个部分。
（2）能说清楚核事故防护措施及注意事项。

1. 核安全法规体系

对核电而言，没有安全就没有发展。核电无小事，"安全第一"这根弦在任何时候都不能有丝毫松懈。我国政府非常重视民用核设施安全管理，先后出台了一系列法规和技术文件，以保障核电站建造的质量和运行的安全，主要包含五个层次。

第一层次为国家法律，包括《中华人民共和国环境保护法》《中华人民共和国放射性污染防治法》《中华人民共和国核安全法》等。

第二层次为行政法规，包含国务院发布的《民用核安全设备监督管理条例》《放射性同位素与射线装置安全和防护条例》《核电厂核事故应急管理条例》《中华人民共和国核材料管制条例》《放射性废物安全管理条例》《放射性物品运输安全监管条例》《中华人民共和国民用核设施安全监督管理条例》《电磁辐射污染控制管理条例》等。

第三层次为国务院各部门发布的部门规章，包括由国家核安全局及相关部门发布的部门规章共 29 个。

第四层次为指导性文件，包括由国家核安全局发布的核安全导则共89个。

第五层次为技术文件，包括由国家核安全局发布的技术文件近百个，涵盖了核与辐射安全相关的所有领域。

我国核安全法规体系的第一层次至第三层次的文件通称为核安全法规。

2. 核应急概念

核应急是针对核电站可能发生的核事故进行控制、缓解、减轻核事故后果而采取的紧急行动。有没有一套预先制定的行之有效的应对措施直接关系到事故后果的大小。行之有效主要是指：(1)已制定了具有针对性的应对措施。(2)执行人员熟悉并能正确及时实施此措施，非执行人员了解该措施并控制自身的行为。对于发生事故后影响范围大和后果很严重的设施还应建立应急体系（比如核电站），应急体系不仅仅是发生事故以后怎么去应对，而且还包括事故预警、事故处置、持续改进的系统工程。

1979年美国三里岛核事故后，世界各国开始思考核电安全发展的重要性。1986年苏联切尔诺贝利核事故严重影响了生态环境，给人们的生活带来了极大的危害，造成了恐慌，人们更加意识到核应急工作的紧迫性，核应急逐渐进入研究历程。所以，切尔诺贝利核事故被认为是国际社会核应急的开端。

1985年我国秦山一期核电站开始建设，第二年便发生了切尔诺贝利核事故，这加速了我国核能安全事业的发展。1991年我国成立了国家核应急委员会，1997年国家核应急计划正式出台。目前我国是国际原子能机构成员国，同时也是核应急国际公约及核安全公约的缔约国，承担着相应的国际义务。

在核电站选址的过程中，需要综合考虑周边公众的安全。在厂址确定后，针对可能受到的影响，我国核电站的周边划分有5 km、10 km等不同的应急区域。在核电站建设和运营过程中，根据相关规定，必须建立完备的应急计划、应急设备和应急体系，并进行定期的应急演习，确保核电站在发生事故时周边群众能及时安全地得到转移。根据2003年国防科工委颁布的《核电厂核事故应急演习管理规定》（科工二司[]〔2003〕169号）规定，核电站营运单位、核电厂所在地的省、市需要定期开展核应急演习。根据演习的具体目的和所涉及的范围与内容，核应急演习分为三类：单项演习、综合演习和联合演习三部分。

核事故应急情况下，公众防护措施包括：核电站周围的烟羽应急计划区半径为10 km，分为内区（撤离区，半径为5 km）和外区（隐蔽区）。公众在核电站发生事故时需要注意事项包括：

（1）保持镇定，服从指挥，不听信小道消息和谣言。

（2）收看电视或广播，了解事故情况或应急指挥部的指令。

（3）听到警报后进入室内，关闭门窗。

（4）戴上口罩或用湿毛巾捂住口鼻。

（5）接到服用碘片的命令时，遵照说明，按量服用。

（6）接到对饮用水和食物进行控制的命令时，不饮用露天水源中的水，不吃附近生产的蔬菜、水果。

（7）听到撤离命令时，带好随身贵重物品，家电、家具、家畜等不要携带；听从指挥，有组织地到指定地点集合后撤离。

（8）如果检测到身体已被放射性污染，听从专业人员的安排。

核应急是为了应对核电厂或者其他核设施可能发生或者已发生的核事故情况，最大限度地控制并减轻事故的危害，保护环境，保护公众。

第三节 核应急

◆ **知识目标**

（1）了解核应急预案的作用。

（2）了解核应急预案的工作方针与原则。

◆ **能力目标**

（1）能说出核事故对人民生命财产安全会造成哪些影响。

（2）能说出我国的核应急预案工作方针的具体内容。

一、核应急预案工作方针与原则

为了防止已经发生或可能发生的核事故对人民的生命财产安全造成影响，保障公民的基本权益，避免或者减轻核事故造成的严重影响，必须依法科学统一、及时有效应对处置核事故，最大程度控制、减轻或消除事故及其造成的人员伤亡和财产损失，保护环境，维护社会正常秩序。

根据《国家核应急预案》（2013年6月30日修订）规定，我国的核应急预案的方针与原则是：国家核应急工作贯彻执行常备不懈、积极兼容，统一指挥、大力协同，保护公众、保护环境的方针；坚持统一领导、分级负责、条块结合、快速反应、科学处置的工作原则。核应急预案的方针及其内容如图6-3所示。

核事故发生后，核设施营运单位、地方政府及其有关部门和国家核事故应急协调委员会（以下简称国家核应急协调委）成员单位按照职责分工和相关预案，立即自动开展前期处置工作。核设施营运单位是核事故场内应急工作的主体，省级人民政府是本行政区域核事故场外应急工作的主体。国家根据核应急工作需要给予必要的协调和支持。

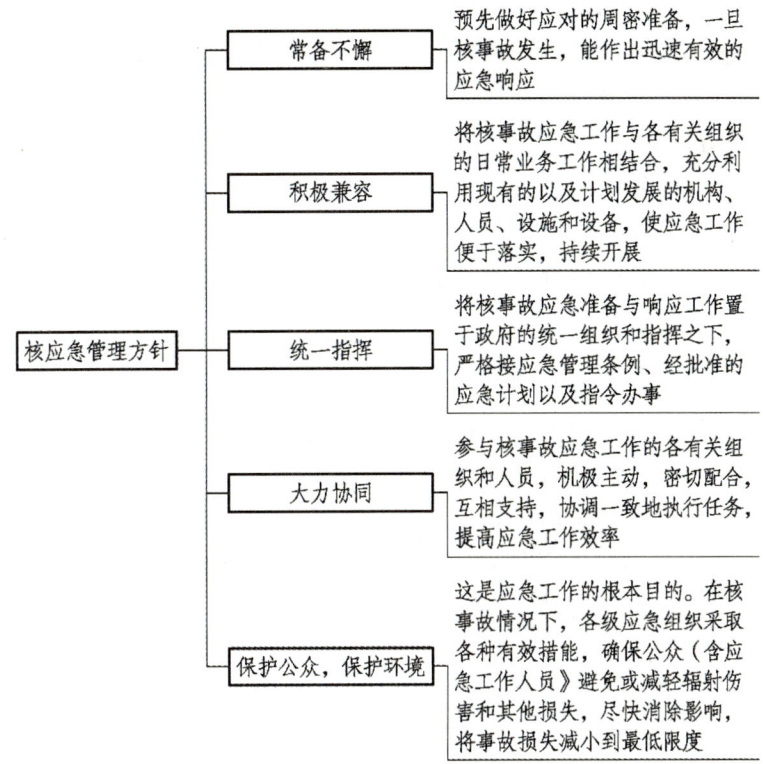

图 6-3 核应急预案的方针

二、核应急组织体系

1. 国家核应急组织

国家核应急协调委负责组织协调全国核事故应急准备和应急处置工作，其主任委员由工业和信息化部部长担任，其日常工作由国家核事故应急办公室（以下简称国家核应急办）承担。必要时，成立国家核事故应急指挥部，统一领导、组织、协调全国的核事故应对工作。指挥部总指挥由国务院领导同志担任，视情况成立前方工作组，在国家核事故应急指挥部的领导下开展工作。

国家核应急协调委设立专家委员会，由核工程与核技术、核安全、辐射监测、辐射防护、环境保护、交通运输、医学、气象学、海洋学、应急管理、公共宣传等方面专家组成，为国家核应急工作重大决策和重要规划以及核事故应对工作提供咨询和建议。

国家核应急协调委设立联络员组，由成员单位司、处级和核设施营运单位所属集团公司（院）负责同志组成，承担国家核应急协调委交办的事项。

2. 省（自治区、直辖市）核应急组织

省级人民政府根据有关规定和工作需要成立省（自治区、直辖市）核应急委员会（以

下简称省核应急委），由有关职能部门、相关市县、核设施运营单位的负责同志组成，负责本行政区域核事故应急准备与应急处置工作，统一指挥本行政区域核事故场外应急响应行动。省核应急委设立专家组，提供决策咨询；设立省核事故应急办公室（以下称省核应急办），承担省核应急委的日常工作。

未成立核应急委的省级人民政府指定部门负责本行政区域核事故应急准备与应急处置工作。

必要时，由省级人民政府直接领导、组织、协调本行政区域场外核应急工作，支援核事故场内核应急响应行动。

3. 核设施运营单位核应急组织

核设施运营单位核应急指挥部负责组织场内核应急准备与应急处置工作，统一指挥本单位的核应急响应行动，配合和协助做好场外核应急准备与响应工作，及时提出进入场外应急状态和采取场外应急防护措施的建议。核设施运营单位所属集团公司（院）负责领导协调核设施运营单位核应急准备工作，事故情况下负责调配其应急资源和力量，支援核设施运营单位的响应行动。

三、核设施核事故应急响应

1. 核事故发生后的应急响应

核事故发生后，各级核应急组织根据事故的性质和严重程度，迅速组织专业力量、装备和物资等开展工程抢险，缓解并控制事故，使核设施恢复到安全状态，最大限度防止、减少放射性物质向环境释放。开展事故现场和周边环境（包括空中、陆地、水体、大气、农作物、食品和饮水等）放射性监测，以及应急工作人员和公众受照射剂量的监测等。实时开展气象、水文、地质、地震等观（监）测预报；开展事故工况诊断和释放源项分析，研判事故发展状况。

当事故已经或可能导致碘放射性同位素释放的情况下，按照辐射防护原则及管理程序，及时组织有关工作人员和公众服用稳定碘，减少甲状腺的受照射剂量。根据公众可能接受的辐射剂量和保护公众的需要，组织放射性烟羽区有关人员隐蔽；组织受影响地区居民向安全地区撤离。根据受污染地区实际情况，组织居民从受污染地区临时迁出或永久迁出，异地安置，避免或减少地面放射性沉积物的长期照射。

严厉打击借机传播谣言制造恐慌等违法犯罪行为；在群众安置点、抢险救援物资存放点等重点地区，增设临时警务站，加强治安巡逻；强化核事故现场等重要场所警戒保卫，根据需要做好周边地区交通管制等工作。

按照核事故应急报告制度的有关规定，核设施运营单位及时向国家核应急办、省核应急办、核电主管部门、核安全监管部门、所属集团公司（院）报告、通报有关核事故及核应急响应情况；接到事故报告后，国家核应急协调委、核事故发生地省级人民政府要及时、持续向国务院报告有关情况。第一时间发布准确、权威信息。核事故信息发布办法由国家核应急协调委另行制订,报国务院批准后实施。

2. 核事故应急响应状态的分类

根据核事故性质、严重程度及辐射后果、影响范围,核设施核事故应急状态分为应急待命、厂房应急、场区应急、场外应急(总体应急),分别对应Ⅳ级响应、Ⅲ级响应、Ⅱ级响应、Ⅰ级响应。

1)Ⅳ级响应

(1)启动条件。

当出现可能危及核设施安全运行的工况或事件,核设施进入应急待命状态,启动Ⅳ级响应。

(2)应急处置。

① 核设施营运单位进入戒备状态,采取预防或缓解措施,使核设施保持或恢复到安全状态,并及时向国家核应急办、省核应急办、核电主管部门、核安全监管部门、所属集团公司(院)提出相关建议;对事故的性质及后果进行评价。

② 省核应急组织密切关注事态发展,保持核应急通信渠道畅通,做好公众沟通工作,视情况组织本省部分核应急专业力量进入待命状态。

③ 国家核应急办研究决定启动Ⅳ级响应,加强与省核应急组织和核设施营运单位及其所属集团公司(院)的联络沟通,密切关注事态发展,及时向国家核应急协调委成员单位通报情况。各成员单位做好相关应急准备。

(3)响应终止。

核设施营运单位组织评估,确认核设施已处于安全状态后,提出终止应急响应建议,报国家和省核应急办,国家核应急办研究决定终止Ⅳ级响应。

2)Ⅲ级响应

(1)启动条件。

当核设施出现或可能出现放射性物质释放,事故后果影响范围仅限于核设施场区局部区域,核设施进入厂房应急状态,启动Ⅲ级响应。

(2)应急处置。

在Ⅳ级响应的基础上,加强以下应急措施:

① 核设施营运单位采取控制事故措施,开展应急辐射监测和气象观测,采取保护工作人员的辐射防护措施;加强信息报告工作,及时提出相关建议;做好公众沟通工作。

② 省核应急委组织相关成员单位、专家组会商,研究核应急工作措施;视情况组织本省核应急专业力量开展辐射监测和气象观测。

③ 国家核应急协调委研究决定启动Ⅲ级响应,组织国家核应急协调委有关成员单位及专家委员会开展趋势研判、公众沟通等工作;协调、指导地方和核设施营运单位做好核应急有关工作。

（3）响应终止。

核设施营运单位组织评估，确认核设施已处于安全状态后，提出终止应急响应建议报国家核应急协调委和省核应急委，国家核应急协调委研究决定终止Ⅲ级响应。

3）Ⅱ级响应

（1）启动条件。

当核设施出现或可能出现放射性物质释放，事故后果影响扩大到整个场址区域（场内），但尚未对场址区域外公众和环境造成严重影响，核设施进入场区应急状态，启动Ⅱ级响应。

（2）应急处置。

在Ⅲ级响应的基础上，加强以下应急措施：

① 核设施营运单位组织开展工程抢险；撤离非应急人员，控制应急人员辐射照射；进行污染区标识或场区警戒，对出入场区人员、车辆等进行污染监测；做好与外部救援力量的协同准备。

② 国家核应急协调委研究决定启动Ⅱ级响应，组织国家核应急协调委相关成员单位、专家委员会会商，开展综合研判；按照有关规定组织权威信息发布，稳定社会秩序；根据有关省级人民政府、省核应急委或核设施营运单位的请求，为事故缓解和救援行动提供必要支持；视情况组织国家核应急力量指导开展辐射监测、气象观测预报、医疗救治等工作。

（3）响应终止。

核设施营运单位组织评估，确认核设施已处于安全状态后，提出终止应急响应建议报国家核应急协调委和省核应急委，国家核应急协调委研究决定终止Ⅱ级响应。

4）Ⅰ级响应

（1）启动条件。

当核设施出现或可能出现向环境释放大量放射性物质，事故后果超越场区边界，可能严重危及公众健康和环境安全，进入场外应急状态，启动Ⅰ级响应。

（2）应急处置。

① 核设施营运单位组织工程抢险，缓解、控制事故，开展事故工况诊断、应急辐射监测；采取保护场内工作人员的防护措施，撤离非应急人员，控制应急人员辐射照射，对受伤或受照射人员进行医疗救治；标识污染区，实施场区警戒，对出入场区人员、车辆等进行放射性污染监测；及时提出公众防护行动建议；对事故的性质及后果进行评价；协同外部救援力量做好抢险救援等工作；配合国家核应急协调委和省核应急委做好公众沟通和信息发布等工作。

② 省核应急委组织实施场外应急辐射监测、气象观测预报，组织专家进行趋势分析研判，协调、调配本行政区域内核应急资源，向核设施营运单位提供必要的交通、电力、水源、通信等保障条件支援；及时发布通告，视情况采取交通管制、发放稳定碘、控制出

入通道、控制食品和饮水、医疗救治、心理援助、去污洗消等措施，适时组织实施受影响区域公众的隐蔽、撤离、临时避迁、永久再定居；根据信息发布办法的有关规定，做好信息发布工作，组织开展公众沟通等工作；及时向事故后果影响或可能影响的邻近省（自治区、直辖市）通报事故情况，提出相应建议。

③ 国家核应急协调委向国务院提出启动Ⅰ级响应建议，国务院决定启动Ⅰ级响应。国家核应急协调委组织协调核应急处置工作。必要时，国务院成立国家核事故应急指挥部，统一领导、组织、协调全国核应急处置工作。国家核事故应急指挥部根据工作需要设立事故抢险、辐射监测、医学救援、放射性污染物处置、群众生活保障、信息发布和宣传报道、涉外事务、社会稳定、综合协调等工作组。

国家核事故应急指挥部或国家核应急协调委对以下任务进行部署，并组织协调有关地区和部门实施：

① 组织国家核应急协调委相关成员单位、专家委员会会商，开展事故工况诊断、释放源项分析、辐射后果预测评价等，科学研判趋势，确定核应急对策措施。

② 派遣国家核应急专业救援队伍，调配专业核应急装备参与事故抢险工作，抑制或缓解事故、防止或控制放射性污染等。

③ 组织协调国家和地方辐射监测力量对已经或可能受核辐射影响区域的环境（包括空中、陆地、水体、大气、农作物、食品和饮水等）进行放射性监测。

④ 组织协调国家和地方医疗卫生力量和资源，指导和支援受影响地区开展辐射损伤人员医疗救治、心理援助，以及去污洗消、污染物处置等工作。

⑤ 统一组织核应急信息发布。

⑥ 跟踪重要生活必需品的市场供求信息，开展市场监管和调控。

⑦ 组织实施农产品出口管制，对出境人员、交通工具、集装箱、货物、行李物品、邮包快件等进行放射性沾污检测与控制。

⑧ 按照有关规定和国际公约的要求，做好向国际原子能机构、有关国家和地区的国际通报工作；根据需要提出国际援助请求。

⑨ 其他重要事项。

（3）响应终止。

当核事故已得到有效控制，放射性物质的释放已经停止或者已经控制到可接受的水平，核设施基本恢复到安全状态，由国家核应急协调委提出终止Ⅰ级响应建议，报国务院批准。视情况成立的国家核事故应急指挥部在应急响应终止后自动撤销。

◆ **课后练习**

1. 为了保障核电站的建造质量和运行安全，我国出台了哪些法规和技术文件？
2. 哪起核事故被认为是国际核应急的开端？
3. 在核事故应急情况下，作为公众需要注意什么？

4. 在突发情况下的应急措施有哪些?
5. 谈谈核应急预案的作用有哪些。
6. 国家核应急工作的主要方针有哪些?
7. 国家核应急组织的主要工作是什么?
8. 核事故应急响应有哪些作用?
9. 根据核事故性质、严重程度、辐射后果、影响范围,核事故应急状态分为几类?
10. 学习了核应急响应相关知识后,你有什么感想?

第 7 章 核电厂质量管理

核电厂是一种具有危险性的工业设施场所,同时也是一种高技术含量的工业设备。在核电厂的建设和运营过程中,质量保证和安全规定至关重要。核能是公认的经济、清洁、技术先进且具有广阔发展前景的能源。同时,美国三里岛核事故、苏联切尔诺贝利核事故以及日本福岛核事故也清楚告诉人们,核能具有潜在的放射性危险。保护人类、环境免受放射性危害是核能发展必须遵循的前提条件。

第一节 质量控制与质量保证

◆ 知识目标

(1)质量控制与质量保证的定义。
(2)质量控制与质量保证的管理。

◆ 能力目标

(1)能够认识质量控制与质量保证的异同点。
(2)能够认识质量控制和质量保证的具体内容。

1. 质量控制

质量控制(Quality Control,QC)是指在工程建设、运行过程中,通过采取一系列的控制措施来确保工程建设、运行质量达到预期目标的过程。核电厂在建设与运行阶段通过质量控制来确保施工质量满足相关文件的要求。

2. 质量保证

质量保证(Quality Assurance,QA)是指为使物项或服务与规定的质量要求相符合,提出足够的置信度所必需的一系列有计划的系统活动。

核电厂的质量保证:所有为保证核电厂按规定要求运行时所必需的有计划、有组织的活动。核电厂的质量保证体系从总体来说是管理、执行和评价这三个职能的有机组合。

3. 质量控制与质量保证的异同点

质量控制是指在工程建设、运行过程中通过采取一系列的控制措施来确保工程建设、运行质量达到预期目标的过程，它侧重于从生产过程中监测和控制工程建设、运行质量，并采取纠正措施来减少质量问题的发生。质量控制的目标是确保工程建设、运行符合规范要求，并满足业主的需求和期望。

质量保证是指在整个工程建设和运行生命周期中通过各种方式和措施来确保工程建设和运行质量的一种管理方法，它强调预防质量问题的发生，通过制定质量保证体系、建立质量标准和规范、进行过程改进和持续改进等来提高工程建设和运行质量。

质量控制和质量保证相辅相成，两者都是为了提高工程建设和运行质量。质量控制主要通过监测和控制生产过程中的质量，确保工程建设和运行符合规范要求；质量保证则更注重于制度建设和预防措施，通过建立质量管理体系、培训员工、审查验证等方式，确保工程建设和运行的整体质量。

总体而言，质量控制侧重于工程建设和运行生产过程中的监控和控制，强调及时发现和纠正问题；质量保证则更注重于体系建设和预防措施，强调通过全面管理和不断改进提高工程建设和运行的质量。两者互为补充，共同为企业提供稳定和可靠的工程建设和运行质量。

第二节 核电站工作包的内容及联系

◆ 知识目标

（1）工作包的内容。
（2）工作包的版本。
（3）FCR、CR文件的管理。

◆ 能力目标

（1）核电厂检修取工作票的要求及接口部门。
（2）程序要求的发布和版本要求。
（3）FCR和CR的定义与应用。

1. 核电厂检修工作包

核电厂检修的各项工作都有相对应的工作包，工作包主要包括：质量计划或任务单、先决条件（人、机、料、法、环）、安全防范措施及风险分析、工作内容、工作程序等。工作包准备好后就可以取工作票，工作票一般情况下在主控制室（简称主控）领取，到主控后先填写领用表，主控准备工程师在审查合格后确定隔离路径和工作窗口时间，需要动火作业要到工业安全科办理动火证。关键路径隔离后，开具的工作票主要包括工作的核电站、工作的机组号、房间号、开始时间、结束时间、工作内容、应用工作程序、操作人员签字栏、检查人员签字栏等。

核电站的文件、图纸及工作程序必须"受控",所有文件、图纸及工作程序必须是最新版本,每一次新版本发布后,旧版本不再使用并且必须交还。

2. 变更管理

设计变更(FCR)是指设计单位对原施工图纸和设计文件中所表达的设计内容的改变和修改。由此可见,FCR仅包含由于设计工作本身的漏项、错误以及满足现场条件变化等原因而修改、补充原设计的技术资料。

FCR后须组织图纸会审并形成图纸会审纪要。对于图纸设计中不明确的问题,通过设计澄清(CR)和FCR的方式提出,由设计单位确认答复,保证图纸的正确性。在核电项目建造过程中会出现大量的FCR,这些FCR可能来自设计方的设计修改或设计优化,也可能来自现场建设过程中或设备制造中发现的设计偏差或设计遗漏。通常FCR会涉及到设计方、设备供货商、建安承包商等,影响核电站施工图设计、设备采购与制造、建安施工等的进度和质量控制,还将涉及工程造价等合同变更。

FCR和图纸会审后,由原设计单位出具FCR通知单,由施工单位征得原设计单位同意后出具FCR联络单。

在施工过程中,遇到一些原设计未预料到的具体情况、改变项目的具体设计方案、材料代替或增减某些具体工程项目等问题,经施工企业或建设单位提出,各方研究同意而改变施工图,需办理FCR通知单或FCR联络单,为此增加的新图纸或FCR说明都由设计单位或建设单位负责。这类FCR应注明工程项目、位置、变更的原因、做法、规格和数量,以及变更后的施工图,经三方签字确认后,由设计部门发出相应图纸或说明,并办理签发手续,下发到有关部门付诸实施。

若设计图已实施后才发生变更,则应注意因牵扯到按原图施工的人工、材料费及拆除费。若原设计图没有实施,则要扣除变更前部分内容的费用。

设计澄清单是在工程项目的设计阶段或施工过程中,用于澄清和确认设计细节、规格要求或其他相关事项的文件。设计澄清单通常由工程设计人员或建设单位提供给承包商或施工单位,以确保各方对设计要求的理解一致,避免设计方案的误解或错误。

设计澄清单通常包括以下内容:

(1)澄清设计细节。详细描述和说明设计图纸、设计说明或技术规范中较为复杂或模糊的部分,以确保各方对设计要求的理解一致。

(2)修正或补充设计要求。如有新的需求、调整或变更,设计澄清单可以包含对现有设计要求的修正或补充,确保设计方案能够满足最新要求。

(3)确认规格和材料。对规格要求和使用材料进行澄清和确认,避免漏项或误解。

(4)验证工作安排。确认施工工期、工作进程和协调要求,以确保工程项目的顺利进行。

(5)确定质量控制措施。明确质量控制要求、检测和验收标准,保证工程项目符合规范和质量要求。设计澄清单可以通过会议记录、书面文件或电子邮件等形式进行传达和确认。

在使用设计澄清单时，应确保各方对其内容的理解和接受一致，并及时跟进和执行设计澄清单中的要求。设计澄清单的使用能够解决设计方案中的不清晰或模糊之处，减少设计中的错误和误解，并确保设计方案的准确性和可行性。通过设计澄清单的实施，可以提高工程项目的效率和质量，减少设计和施工中的问题和纠纷。

第三节　核电质量保证

◆ **知识目标**

（1）掌握质量与质量保证的概念。
（2）了解质量保证对核电建设的意义。

◆ **能力目标**

（1）能说出质量保证的含义。
（2）能说出质量保证的要求。

1. 质　量

质量表示一组固有特性满足要求的程度，即某种事物的特性满足某个群体要求的程度。满足的程度越高，说明这种事物的质量越好；反之，则认为该事物的质量越差。

"质量"一词可用差、好或优秀等词来评价。

2. 质量保证

质量保证是指为使物项或服务与规定的质量要求相符合并提供足够的置信度所必须的一系列有计划的系统化的活动。

通过一系列的活动，要求这些活动能提供足够的置信度，使物项或服务能满足质量要求。

3. 实施质量保证的目的

（1）与一般设施相比，核设施内部具有放射性物质。如果在建造过程中有质量问题未被发现、未处理好，在运行中由于设备设施不满足设计使用要求、管理不当、误操作，可能发生核事故，造成放射性物质泄漏危及人员和公众的健康，以及污染周围环境甚至跨国环境（如苏联切尔诺贝利核电站事故、美国三里岛核电站事故、日本福岛核电站事故）。

（2）核电厂的机组功率较大，如果系统和设备损坏，减负荷或停运，会带来很大的经济损失。

（3）核电厂供电用户因为意外停电，可能会导致经济、社会、环境等相关方面的不利影响。

要确保核设施系统和设备的安全性和可利用率，必须在选址、设计、制造、建造、调试、运行和退役全过程中采取一整套严格的质量管理措施（办法）。只有良好的质量管理措施才能确保获得良好的质量。这一整套严格的质量管理措施（办法）就是质量保证。由于用于一般设施的 ISO9001 质量管理体系不能完全适用于核设施高质量要求的质量管理，因此，国际原子能机构（IAEA）制定和推荐了专门适用于核设施的质量保证法规。世界各国也都针对核工业的特殊要求制定了相应的质量保证法规或标准。我国参照国际原子能机构制定和推荐的质量保证法规，吸取了发达国家的经验，并结合国情制定了相应的规定，国家核安全局于 1991 年 7 月 27 日发布了《核电厂质量保证安全规定》(〔1991〕国家核安全局令第 1 号）。

第四节　核电工程的质量保证要求

◆ **知识目标**

（1）掌握核电工程质量保证的要求。
（2）了解核电工程质量保证措施。

◆ **能力目标**

（1）能说出核电项目的质量目标。
（2）能说出核电项目质量保证的作用。

核电相关承包商必须建立项目质量保证体系，编制《工程质量保证大纲》。在合同生效后，承包商应向业主质量部门提交其项目质量管理职能部门的组织机构文件。该文件必须在得到业主的书面认可后才能生效。

核电工程的质量保证要求主要包括项目的质量目标和质量保证两个方面。

1. 项目的质量目标

（1）必须建立可定量评估的项目质量目标。
（2）必须建立相应的项目质量责任制，将项目质量目标分解到项目各职能部门。
（3）承包商应按照国家"四不放过"（事故原因未查清不放过、责任人未处理不放过、整改措施未落实不放过、有关人员未受到教育不放过）原则处理质量事件。
（4）必须建立动态的项目质量风险分析机制。

2. 质量保证

（1）必须根据合同约定的工作范围、工作性质、技术要求、质量保证和质量控制要求编制项目管理程序和工作程序，并遵照执行。
（2）制定并实施详细分级明细表和分级控制的办法。
（3）必须建立一个适用于合同的"适用文件清单"，以及文件的编制和实施计划。
（4）必须按合同规定向业主提交相应的文件和记录，以及记录清单。
（5）分包商和分供商必须得到业主认可。

（6）必须按合同要求制定并实施质量计划（如试验与检验计划）。

（7）必须按合同规定处理不符合项，建立并及时更新不符合项清单，及时、有效地完成业主监察提出的纠正措施要求和观察意见处理要求。

（8）大宗材料的采购文件要求。

（9）开工前的质量管理检查。

（10）重要施工活动的质量保证专项监督。

（11）制定实施质量保证、监督/检查的方案。

（12）编制风险分析报告的要求。

第五节　核电现场质量控制

◆ **知识目标**

（1）掌握核电质量控制的方式。

（2）掌握核电质量控制点。

◆ **能力目标**

（1）能说出核电质量控制点的含义。

（2）能说出核电质量控制点的设定原则。

1. 质量计划

核电工程按照制定的质量计划来开展合同范围内的活动，以实现对施工质量过程、质量结果、质量趋势的严格监控目的。质量计划的实施贯穿于整个安装工程。

（1）质量计划。

质量计划是指为保证现场工作在开工准备、工作过程和工作结果上完全受控，按照质量保证大纲、设计文件、安装标准、规范的要求，由施工部门负责编制并经业主审批生效后在工程过程中严格执行的质量控制文件，由质量计划正文和质量记录组成。项目部的各级质检人员、业主质检人员在质量计划文件中分别设置质量控制点（W点/H点），对各项工序进行控制、放行、见证等签证。

（2）质量记录。

质量记录是指作为质量计划中复杂工序控制的细化和扩展，用作工序具体执行过程中的记录文件，具有指导现场工作和监督检查的作用，包括通用和专用的施工检查记录表、试验/检查报告和文件检查记录表等。

（3）质量控制点。

质量控制点是指为了保证工序质量而确定的重点控制对象、关键部位或薄弱环节。设置质量控制点是保证达到工序质量要求的必要前提。是否设置为质量控制点，主要是视其对质量特征影响的大小、危害程度及其质量保证的难度大小而定。质量控制点包括见证点（W点）和停工待检点（H点）。

① 见证点（W点）。凡是列为见证点的质量控制对象，参与检验相关人员应按约定时间进行活动见证和监督，并签证合格的工序活动。如CNPEC检验人员未适时出席，施工单位可按计划继续工作，并在CNPEC验收签证栏注明"未出席放行"。

② 停工待检点（H点）。停工待检点的重要性高于见证点的QC检查点，通常是指针对隐蔽性施工过程或工序、对整体质量影响重大的工序、首次使用的特殊工艺设置H点。凡列为H点的控制对象，要求检查人员必须到场检查，如果检查人员未在约定的时间到场监督、检查，施工工区不得进行后续工序的施工。

2. 质量计划的执行

质量计划包含若干工作项目，每个项目对应一个标准质量计划，包含系统或设备的全部安装工作而不存在漏项。如果某一专项工作无对应的标准质量计划，则应按要求单独编制质量计划。

控制点的设置应以质量控制为原则。在安装活动中，对于质量要求高、难度大、影响大或者一旦出现质量问题时处理困难的一些工序应选作质量控制点。要求考虑全面、工序分解繁简适中，符合施工现场实际情况。

对于经过多次重复工作才完成的工序（如管道安装、焊接等），其每一次工作都应通过记录单进行记录和检验签证，当所有工作都完成后签证此工序的控制点。

质量计划中标有停工待检点的"H点"，在没有指定的见证单位的签字放行，施工人员不可执行下一步骤的活动，除非获得正式的书面授权通知。

无论是停工待检点还是见证点，施工部门应提前24小时以适当方式通知QC2检验。质量控制点在QC2检验合格后再由QC2提前一个工作日通知工程公司检验。

对于某些操作完毕后其施工质量在后续不能得到检验的施工活动，如焊接、无损检测、表面处理、热处理、电气导线端接、重型设备吊装/引入、重要设备关键配合尺寸的测量、物项的进场验收、隐蔽工程等，必须在监督检验人员到场后方可进行施工。

3. 质量记录的填写

（1）所有记录单的格式既要满足安装竣工状态报告要求，又要符合国家验收评定的要求。记录单应及时填写，内容完整是指物项明确、签证齐全，具有可追溯性。

（2）记录单的填写，必须用黑色的墨水笔填写，不得有铅笔、圆珠笔、红墨水、纯蓝墨水、复写纸等书写的字迹。

（3）记录填写要客观（真实）、准确、完整、字迹清楚，签名和日期齐全，填写的日期必须是8位标准日期格式。

（4）对于质量标准有偏差范围（如0~10、≤10、±10）等均不得填写范围数或"符合要求"，必须填写实测值。

（5）记录不得随意涂改，也不能用修正液涂改。需要修改时应使用横杠"—"划在错处，在旁边写上正确的数据，并签署姓名和日期，以示修改确认。

（6）记录表上的所有栏目均须填写，不得空格，如果某些栏目无须填写，在此栏内应填写"NA"或画斜线"/",表示不适用或不必填写。

（7）所有检查记录必须真实，不得擅自修改、伪造和事后补填。

◆ 课后练习

1. 核电厂检修工作包的内容有哪些？
2. FCR、CR 文件的作用有哪些？
3. 为什么核电厂与普通建筑企业相比更重视质量管理？
4. 核电厂为什么要实施质量保证？
5. 质量计划选点的原则是什么？

第 8 章

核电事故案例分析

第一节 核电厂严重事故的处置

在遵循单一故障准则的前提下,现有核电厂均遵循纵深防御原则进行设计。这些设计包括设置多重屏障、采用经过严格工程验证的技术、建立严密的运行管理体系以及实施严格的人员培训和考核上岗制度。总体而言,全球范围内正在运行的核电厂拥有着良好的安全记录。

不能忽视的是,核电厂仍面临着因多重故障和人为失误而引发超设计基准事故的风险。严重事故,指的是堆芯遭受严重损坏的事故,这类事故超出了设计基准的范围。国际原子能机构在 2000 年发布的《核动力厂安全:设计》安全标准中,对严重事故的定义是:由于安全系统发生多重故障,导致出现一系列超出设计基准工况的事件,这些事件会显著恶化堆芯性能。尽管其发生的概率极低,但有可能破坏所有用于防止放射性物质释放的屏障的完整性,这类事件序列被归类为严重事故。

自 1979 年美国三里岛核电厂事故后的 30 多年间,美国、法国、德国、日本等国家在严重事故研究领域取得了显著的进展。1985 年 8 月,美国核管会(NRC)发表了关于严重事故管理要求的政策声明。从 1988 年开始,NRC 强制要求已运行的核电厂逐个实施《严重事故下电厂评价计划》(IPE)和《关闭严重事故问题的综合计划》。法国则针对若干超设计基准工况和严重事故工况,发展了 H 规程和 U 规程,并在法国核电厂及出口电厂中加以应用。国际原子能机构(IAEA)全面修订了核电厂安全法规,明确提出必须考虑严重事故的要求。我国国家核安全局也修订了相关核安全法规,并于 2002 年发布了政策声明《新建核电厂设计中几个重要安全问题的技术政策》。

若事故导致安全壳完整性丧失,将会引发大量放射性物质的释放。尽管严重事故发生的概率极低,但它毕竟是一个不容忽视的风险。历史上已经发生的核电厂严重事故表明,核电厂的安全工作必须不断拓展,仅仅局限于设计基准事故(DBA)的考虑是不够的。我们必须重视核电厂严重事故的预防、处置与缓解工作,以满足社会公众对能源和核安全日益增长的期望与要求。

一、严重事故的对策要求

现有核电厂主要依据设计基准事故（DBA）进行设计，并未充分考虑承受严重事故的能力。实践经验表明，在避免人为差错的前提下，纵深防御原则和多道屏障设置确实能为现有核电厂提供一定的抵御严重事故的能力。然而，已发生的严重事故往往是由于操纵员的失误与设备故障相互叠加的结果，因此，纵深防御原则与安全文化共同构成了核电厂最基本的安全原则。

实践经验还表明，仅将核电厂设计局限于DBA是远远不够的，无法充分保障工作人员、公众和环境的健康与安全。核电厂必须将严重事故对策纳入核安全战略的重要组成部分，形成并实施具体的抗严重事故手段，将严重事故对策全面贯穿于设计、建造、调试、运行、维修等核电厂的全生命周期活动中。

在事故管理方面，应坚持已被实践证明行之有效的工程安全实践，主要包括纵深防御原则、多道屏障设置、质量保证、专设安全设施和选址要求等。在坚持这些行之有效的技术时，要警惕两种倾向：一是避免盲目采用未经验证的技术、装备和材料，以免引入潜在风险；二是要勇于接受新技术，避免墨守成规。所谓行之有效的技术，是指那些经过充分工程实践验证的技术，它们要么是由大量无可争辩的试验和应用所证实，要么已经列入经过批准的规范和标准中。核电与核安全部门应鼓励人们根据已有核电厂的运行实践或研究项目结果，采用新技术来改进安全。对于新技术或新设计，建造原型试验装置是一种非常有用的方法。

核电厂的营运单位对核安全负有全部责任，必须在全体工作人员中普遍培养安全文化。同时，必须制定严重事故对策，并将其贯穿于核能活动的全过程。在严重事故处置战略中，必须坚持预防为主的方针，同时抓紧研究缓解措施。作为核安全管理部门，应关注并强调核工业部门的创优意识。

核电厂的安全问题在很大程度上是可靠性问题。硬件方面的可靠性主要来源于系统设计特征（如冗余和多样化）和质量保证体系；而软件方面的可靠性则体现在人的素质上，即安全文化和完备的运行及事故处理规程。

分析与经验显示，严重事故的发生与发展与人为差错密切相关。严重事故往往以微小的设备故障为起因，而防止严重事故的最有效手段就是"安全工作，人人有责"。在设计、施工、运行、维护中及早发现隐患，是INSAG报告中所提倡的核电安全创优活动。这种创优活动依赖于核电厂组织和个人的积极性。核安全管理部门本质上应以鼓励的态度促进营运单位实现核电安全。

事故管理的总战略是强调运行单位对核安全的最终责任，以及人是安全业绩的创造者的重要理念。这一战略的最大变化在于更加明确地突出了业主（运营单位）的安全中心地位，更加明确了运营单位的最终责任，要求充分发挥人的主观能动性，辩证地看待实现安全功能的手段。同时，倡导安全文化，鼓励建立完善的管理制度，并辅以必要的监督和量化考核手段。

在新标准 HAF102 中，对严重事故管理提出了明确要求：必须采用工程判断和概率安全分析（PSA）相结合的方法来识别可能引发严重事故的事件序列。通过确定论和概率论方法，结合工程判断，选定需要在设计时考虑的序列，并决定处理这些序列的设计措施与程序，以确定合理可行的预防或缓解措施。

二、核电厂严重事故过程分析

世界上，美国、法国、日本等国家已经开展了多项著名的严重事故研究计划，通过堆内和堆外模拟实验，我们可以深入了解核电厂严重事故过程中的主要物理现象。

1. 堆芯材料的氧化与氢气的产生

当堆芯裸露，且燃料棒的温度超过 1 200 ℃时，燃料棒包壳和堆芯结构材料中的锆氧化速率会呈指数级增加。这一氧化过程会产生氢气、其他可燃气体以及大量的热量。

2. 蒸汽与非可凝气体在反应堆压力容器内和一回路中的自然循环

蒸汽与非可凝气体在反应堆压力容器内和一回路中的自然循环有助于将热量从较热区域迁移到较冷区域，从而降低径向温度梯度，延缓堆芯的加热过程。然而，实验发现，从反应堆压力容器热端到蒸汽发生器传热管之间存在逆流自然循环现象，即热气泡沿管道上部上升至蒸汽发生器传热管，然后沿管道下部返回反应堆压力容器。这种逆流自然循环可能导致反应堆压力容器热端及其相连的管道或蒸汽发生器传热管提前损坏，进而影响高压事故瞬态的进程。

3. 堆芯几何形状的丧失

当堆芯裸露时，随着燃料棒温度的变化，堆芯几何形状会发生变化。燃料棒包壳开始肿胀，影响流量分配。同时，堆芯结构材料如 Fe-Zr、BC-Fe、Ag-Zr 等会发生化学反应，导致堆芯定位格架、控制棒材料和结构以及与其他材料直接接触的部分锆包壳材料液化和移位。这将进一步影响堆芯的流量分配，甚至造成流道堵塞。随着温度的继续升高，锆包壳会熔化，部分陶瓷燃料也会液化并向下流淌，在堆芯下部温度较低处凝固。最终，燃料会熔化并向下坍塌，导致堆芯几何形状完全丧失。

4. 堆芯熔融物落入反应堆压力容器下部空间

如果反应堆压力容器下部空间没有水，堆芯熔融物将与压力容器底部结构直接接触，最终导致压力容器底部被烧穿。如果压力容器下部空间有水或在压力容器底部损坏前向其中注入水，则水的存在将减慢压力容器底部结构的加热速度。水与堆芯熔融物之间的热交换会导致堆芯材料熔化物的破碎。水可以渗入堆芯熔融物的裂缝中以及堆芯熔融物与压力容器之间的间隙中，有利于堆芯熔融物碎片和压力容器底部的冷却，从而避免压力容器被烧穿。

5. 堆芯再淹没

当堆芯温度超过 1 200 ℃时，堆芯再淹没会使燃料棒及周围堆芯区的温度、氢气产生率以及燃料棒锆包壳的破损和裂变产物释放突然增加。这是由于淬火产生的大量热蒸汽增强了锆的氧化速率，释放出大量热量，这些热量可能超过堆芯余热十多倍。当堆芯温度处于 1 900~2 500 ℃时，虽然堆芯温度超过了锆的熔点但未达到燃料的熔点，堆芯再淹没时由于淬火带来的热冲击可能导致未损坏的燃料坍塌，增加裂变产物的释放。然而，此时锆已氧化、熔化或落入堆芯下部温度较低的区域中，因此不会产生大量蒸汽。当堆芯峰值温度超过 2 500 ℃且已形成大量堆芯材料熔化物时，堆芯再淹没对于停止堆芯加热和防止堆芯材料熔融块增大的效果不明显，因为熔融块具有一个热导率很低的陶瓷外壳。

6. 重返临界问题

由于控制棒结构和材料的损坏与燃料棒结构和材料的损坏发生在不同的温度下，因此在损坏的堆芯某些区域中有可能发生重返临界现象。当堆芯温度达到 1 200~1 400 ℃时，控制棒材料和结构就会发生液化和移位；而在燃料棒温度达到 2 500 ℃之前，燃料仍可保持原位。此外，在堆芯再淹没过程中由于水的注入也可能使堆芯某些区域重返临界。这带来的附加加热对于严重事故的长期管理是需要考虑的。

7. 高压下堆芯熔融物喷射与安全壳直接加热

在某些事故序列下，当冷却剂系统仍维持高压时发生堆芯损坏，堆芯熔融物会落入反应堆压力容器底部。如果压力容器损坏，堆芯熔融物会以小微粒的形式喷射到安全壳内的堆腔室甚至安全壳大气空间中，这就是"高压下堆芯熔融物喷射"。如果堆芯熔化物以微粒形态从安全壳内的堆腔室喷射到安全壳大气空间中，热能会迅速加热安全壳并使其升压。同时，喷射到安全壳空间中的堆芯熔融物在空气和蒸汽中进一步氧化产生氢气并释放化学能，进一步使安全壳升压。这个过程就是"安全壳直接加热"。NUREG-1150 报告认为安全壳直接加热是安全壳早期失效的主要威胁。

8. 氢　爆

反应堆压力容器内部的氢气主要来源于燃料锆包壳和压力容器内部其他锆部件的氧化。压力容器外部的氢气则主要来源于压力容器破裂后落入安全壳内的堆芯熔融物中的锆继续氧化以及堆芯熔融物与混凝土相互作用产生的氢气。从长期来看，堆芯和安全壳地坑内水的辐射分解也会产生氢气。当安全壳内局部空间的氢浓度积累到一定数值时可能发生剧燃或燃爆。剧燃会对安全壳产生一个静态压力负载峰值而燃爆则会产生一个巨大的动态压力负载脉冲。当这些压力负载超过安全壳结构设计能力时可能导致安全壳失效并影响安全壳内安全系统设备的正常运行。

9. 燃料与冷却剂的相互作用（蒸汽爆炸）

所谓"蒸汽爆炸"是指堆芯熔融物破碎成微米量级的极小粒子并在毫秒量级的极短时间内与水相互作用将热量传递给水同时产生大量蒸汽并释放出巨大能量。实验研究表明在堆冷却剂系统高压下发生蒸汽爆炸的概率很低。因此通常考虑蒸汽爆炸的事故序列发生在堆冷却剂系统低压下。最新研究结果表明发生堆压力容器内蒸汽爆炸引起安全壳失效的条件概率小于 0.001。有关堆压力容器外蒸汽爆炸的研究仍在进行中。

10. 堆芯熔化物与安全壳底板混凝土的相互作用

如果堆芯熔化物碎片与安全壳底板混凝土相接触就会发生相互作用。这对安全壳失效的影响包括产生蒸汽和不可凝气体使安全壳内压力升高以及可能导致安全壳底板穿透。因此堆芯熔融物碎片的可冷却性是避免上述两个后果的根本途径。

11. 裂变产物的释放与迁移

裂变产物的释放与迁移对于源项的大小和严重事故的管理至关重要。同时它也影响事故的进展。裂变产物的释放与迁移取决于堆芯的设计和燃料燃耗的历史。从堆芯损坏到裂变产物释放到安全壳内的前 4 h 非常关键。因为这段时间足以让 99.9% 的放射性气溶胶悬浮物沉积在安全壳内壁和地面上或溶解在安全壳内地坑的水中。因此必须尽力避免发生安全壳早期失效。而留存在冷却剂系统管道和设备中以及沉积在安全壳内壁和地面上的裂变产物的再挥发将在决定安全壳晚期失效的源项中起重要作用。

三、严重事故的处置

国际经验已明确证实,核电厂设计中采用的纵深防御原则极为有效,并应在未来的核电厂设计、建造、调试、运行及退役过程中持续坚持。同时,这一概念和措施也需被拓展至事故处置领域。事故处置即针对严重事故的应对策略,涵盖两大方面:①采取一切可行措施预防堆芯熔化,这被称为事故预防;②若堆芯熔化已发生,则需采取各种手段最大限度地减少放射性物质向厂外的释放,这被称为事故缓解。

严重事故处置的法规要求包括:

IAEA《核电厂安全:设计》针对严重事故预防和缓解的总体要求包括以下几点:

(1) 结合概率论方法、确定论方法及合理的工程判断,识别可能导致严重事故的重要事件序列;

(2) 依据一套准则审查这些事件序列,以确定需重点关注的严重事故;

(3) 对于选定的事件序列,评估设计和规程,判断是否能通过修改来降低事件发生概率和减轻后果,若修改合理可行,则应立即实施;

(4) 考虑核电厂的全部设计能力,包括在超出预定功能和预期运行工况下使用某些系统(安全系统与非安全系统)以及附加的临时系统,使核电厂恢复受控状态或减轻严重事故后果,并证明这些系统能在预期环境条件下发挥作用;

(5) 对于多堆厂址,可考虑利用其他机组可用的资源和可能的支持,但前提是不得危害其他机组的安全运行;

(6) 针对有代表性和主导性的严重事故,制定相应的事故管理规程。

概率安全评价(PSA)技术是研究严重事故的关键工具之一,此处强调概率论、确定论与合理工程判断的结合,旨在应对 PSA 技术存在的不确定性。因此,除 PSA 研究结果外，还应认真研究同类核电厂中普遍关注或国际上重点研究的严重事故序列。

严重事故的预防和缓解不能无限制扩展，而应在合理的安全水平上进行"截断"，第（2）条即强调了这一点。申请者在说明所考虑的严重事故主导序列时，应明确确定这些主导序列所遵循的准则。

第（4）条强调需考虑核电厂的全部设计能力，包括利用安全系统、非安全系统和临时系统来应对严重事故，但这些系统需能承受相关严重事故导致的预期环境条件。

第（6）条应与第（1）条结合考虑，即要考虑"有代表性"和"主导性"的严重事故，而非仅限于PSA研究结果。

中国国家核安全局高度重视国际核工程界提出的最新核安全要求，并于2002年制定了《新建核电厂设计中几个重要安全问题的技术政策》。该政策明确了纵深防御概念中后两个层次的重要作用，即第四层次防御旨在应对超出设计基准的严重事故，并确保放射性后果保持在合理可行尽量低（ALARA）的水平。该层次的核心目标是保持包容功能，通过附加措施和规程防止事故发展，减轻所选严重事故的后果，并结合事故处置规程实现这一目标。第五层次防御，即最后层次，旨在减轻事故工况下可能的放射性物质释放后果，要求配备适当装备的应急控制中心及场区内外的应急响应计划。同时，提出了14条应考虑的典型严重事故预防和缓解措施，涵盖系统和设备运行可靠性改进、瞬态特性改善、安全系统可靠性提升、全厂断电应对、停堆状态及安全壳打开时的特别关注、冷水或不含硼水快速注入导致的严重堆芯损坏预防措施、安全壳旁路型严重事故消除措施、高压堆芯熔融物喷射避免手段、压力容器及堆腔结构支撑能力增强、安全壳完整性维持、堆芯熔融物冷却及反应后果减轻、安全壳贯穿件及隔离装置功能维持、安全壳内热量长期可靠排出手段以及放射性物质泄漏控制能力等。

四、严重事故的预防

严重事故处理的主要焦点在于获取安全的主要手段，即事故预防，特别是预防可能引发堆芯损坏的事故。基于核电厂的基本特征和事故现象，事故处置的基本任务依次为：预防堆芯损坏；中止已开始的堆芯损坏过程，将燃料保留在主回路系统压力边界内；在压力边界完整性无法确保时，尽可能长时间地维持安全壳完整性；若安全壳完整性也无法确保，则尽量减少放射性向厂外的释放。

根据这些任务，核能界将事故处置对策归结为三项安全功能的确保：首先，为确保控制堆芯反应性的停堆能力，应始终维持反应堆处于次临界状态，以防止或及早中止堆芯损坏过程；其次，应确保堆芯冷却能力，以顺利排出衰变热，可采用二次侧补排（feed and bleed）、一次侧补排及辅助喷淋等手段；再次，应确保对放射性产物的包容能力，考虑安全壳隔离措施和必要的减压措施。

经过近年研究，这些设想正逐步完善，并成为应急运行规程的一部分。为了处理事故工况，核电厂配备了应急运行规程（EOP）。自三里岛核电厂事故后，EOP在形式和内容上均进行了改进，以满足人因工程的新要求。作为严重事故研究的一部分，事故处置研究将核电厂 EOP 扩展至更广泛的事故工况,包括设计基准事故以外、发生概率更低的事件,直至燃料元件严重损坏的事件。为与现有 EOP 相区分,这部分规程可称为事故处置规程(AMP),旨在利用电厂现有或补充的设备、操纵员的技能和创造性,及时找出中止事故发展、限制放射性向厂外释放的方法。

当前,法国核电厂使用的事故处理规程体系已全面转换为状态导向法(SOA)体系,其规程称为 SOP。在事故状态下,它针对反应堆安全的薄弱环节,依次采取各种可能措施以实现严重事故的缓解甚至消除其对反应堆的危害。

研究表明,核电厂在严重事故工况下的响应具有设计特异性,事故干预手段的可用性和有效性更与电厂的具体布局密切相关。因此,特定电厂的事故处置对策必须结合普遍原理与电厂实际情况进行深入研究。

由于严重事故发生概率极低,其对策考虑应与一般设计基准事故(DBA)处理对策有所不同。总体而言,应积极兼容、趋利避害。在设想和落实干预行动时,一般应考虑以下三条原则:

(1)充分利用一切可用资源,包括水源、电力、设备和人力。必要时,可利用不属于标准专设安全设施的系统与设备,采用非常规运行模式,超越系统、设备的技术限定条件。

(2)尽量降低高压熔堆过程的发生频度。若无法阻止堆熔过程,则应尽力转为低熔堆过程,以避免喷射释放和堆芯熔渣溅射直接威胁安全壳完整性。

(3)在不危及堆芯安全的情况下,尽量采用善后工作量较小的事故处置方案,以尽量缩短停产检修时间。

为降低核电厂风险,事故处置研究涵盖四个方面:
(1)根据 PSA 研究结果,制定事故处置战略,形成事故处置规程和导则;
(2)依据规程和导则,对操纵员进行严重事故工况处置培训;
(3)如有必要,对核电厂现有仪表进行必要改动,以协助事故处置规程的实施;
(4)对决策责任制进行必要调整,改善人事关系。

这四项任务中,制定事故处置规程和导则是最为基础且工作量最大的工作。根据近年研究结果,严重事故对策战略的构想将事故处置任务分为三大类:维持堆芯冷却、维持次临界和维持放射性包容能力。每一类任务的实施对策又分为若干子项,子项下列出可能的具体对策。

第二节 切尔诺贝利核电站的爆炸事故

切尔诺贝利核电站(图 8-1)位于乌克兰北部,距首都基辅以北 130 km,它是苏联时期在乌克兰境内修建的第一座核电站。切尔诺贝利曾经被认为是最安全、最可靠的核电站,1986 年 4 月 26 日凌晨 1 点 23 分的一声巨响彻底打破了这一神话。由于操作人员违反规章制度,核电站的第 4 号核反应堆(图 8-2)在进行半烘烤实验时突然失火,引起爆炸，其辐射量相当于美国投在日本的原子弹辐射量的 400 倍。爆炸使机组被完全损坏，8 吨多的强辐射物质泄露，尘埃随风飘散，致使俄罗斯、白俄罗斯和乌克兰许多地区遭受严重的核辐射污染。切尔诺贝利核电站的爆炸事故成为了核能史上最严重的灾难之一。这场事故不仅造成了数百人的生命丧失，还对环境产生了长期的影响。

图 8-1　切尔诺贝利核电站照片资料

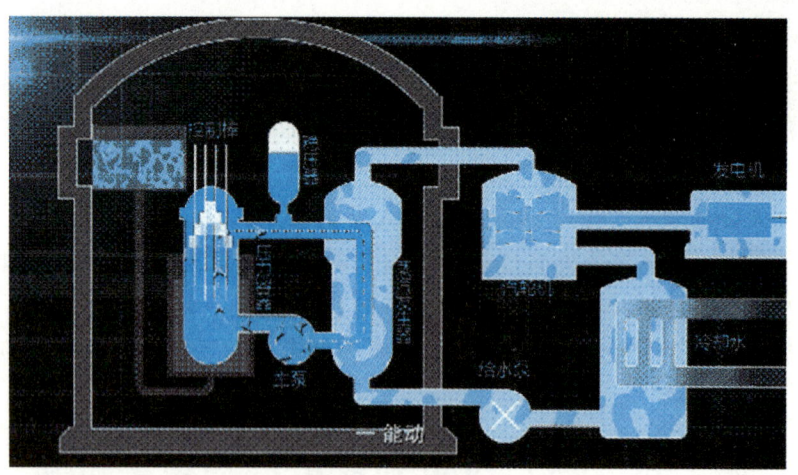

图 8-2　切尔诺贝利核电站 4 号机组流程图

一、事故经过

4 月 25 日（"五一"节前的周五）

1:06　切尔诺贝利核电站 4 号反应堆操作员，根据停堆检修计划，开始从 100%满功率（热功率 32 GW）工况下开始降功率，并切断了反应堆事故冷却系统。

3:47　降至 50%功率，按计划关闭一台汽轮发电机组。

14:00　按基辅电网调度要求，推迟降功率（如不推迟，可在白班试验），以 50%功率连续运行约 10 h，氙毒上升，不断提控制棒补偿反应性。

（程序规定：有效棒数小于 26 根要经总工批准，实际已小于此数。）

23:10　继续降功率。

4 月 26 日

00:00　交接班。

0:05　继续降功率时，自动控制系统维持不住功率，热功率降至 720 MW 以下（700 MW 以下会出现正温度系数），最低达 30 MW。

1:00　操纵员成功地将功率恢复为热功率 200 MW。

1:15　切除蒸发器自动停堆信号（重大违反程序！）。

1:19　提棒增加功率，此时堆内可能只有 8 根棒了（反应堆内的控制棒要求至少有 15 根棒），操纵员得到反应堆是稳定的假象。

1:23:04　关闭汽轮机主汽门，开始轻转试验。

1:23:10　自动棒提起，产汽量增加，正温度系数引起功率快速上升。

1:23:40　手动紧急停堆。

1:24:00　二声爆炸。第一次为蒸汽爆炸，第二次为燃料氢气爆炸，随后引发石墨碳化产生的可燃气体大火。

在切尔诺贝利核电站的核泄事故救援过程中，截至 5 月 2 日有 1 800 架次军用直升机抛投约 5 000 t 砂子、粘土、硼（40 t）、铅（2 400 t）、白云石（600 t）等材料。26 日早晨 4 小时撤离核电站所在地的 2.5 万名居民，1 216 辆大型公共汽车、300 辆卡车撤离 30 km 范围内的约 12 万名居民。5 月 9 日扑灭石墨引发的大火。

二、事故原因分析

切尔诺贝利核电站事故产生的原因主要包括核电站设计缺陷以及监管不力两方面因素。

1. 设计缺陷

事故的核心原因之一是切尔诺贝利核电站的 RBMK 反应堆设计存在严重缺陷。这种反应堆在低功率运行时不稳定，而且缺乏足够的安全保障措施。

（1）反应堆物理设计和停堆装置设计的严重缺陷。

（2）高燃耗运行工况下很大的正空泡反应性系数。

（3）在事故前反应堆工况下的正停堆效应。

（4）运行反应性裕量与反应堆保护不匹配。

（5）缺乏对超设计基准事故的保护。

2. 监管缺失

核电站的监管机构在确保安全方面未能履行职责。监管不力,导致了潜在的危险未能被及时发现和解决。

（1）安全监管机构及制度不落实,监管不得力,核电站管理混乱。

（2）设计缺少安全标准,安全分析不充分,设计中包含了不安全因素。

（3）运行人员培训不足,对机组特性缺乏理解,操作人员没有掌握有关反应堆工艺过程的专门知识,也不懂得反应堆潜在的危险。

（4）工作大纲质量低劣,操作规程有缺陷,甚至有错误。

（5）从技术安全上看,对试验大纲审查不够。

（6）运行组织中缺乏安全文化,因而不能补救事故前早已知道的严重缺陷。

（7）违反运行程序。

（8）运行人员要进行过多的操作。

3. 操作失误

事件当晚,核电站的操作员在执行试验过程中犯下了严重的操作失误,导致反应堆失控。试验计划不当、忽视安全规程以及缺乏对应急情况的培训都是造成事故的原因之一。

4. 通信问题

在事故发生后,核电站工作人员和政府部门之间的沟通存在问题,延误了采取应急措施的时间。

三、事故的影响

1. 人员伤亡

事故导致了大量的辐射泄漏,数百名核电站工作人员和救援人员在事故后不久因急性辐射病去世。此外,长期辐射暴露导致了许多人后来患上癌症和其他健康问题。

2. 疏散与迁移

为了避免辐射暴露,数万人被疏散出事故区域,永久性地离开了自己的家园。至今仍有部分地区被划定为禁入区域,不适宜人类居住。

3. 环境污染

切尔诺贝利核电站事故导致了大量的辐射物质释放到大气中,同时污染了土壤和水源。这一污染对生态系统产生了长期影响,包括影响了野生动植物的生存。

4. 社会和心理影响

事故不仅仅是环境和生理的灾难,还造成了社会和心理的创伤。幸存者和疏散者面临着长期的心理健康问题,包括焦虑、抑郁和创伤后应激障碍等。

四、应汲取的教训

1. 安全至上

在核能领域,安全必须始终放在首要位置。设计、操作和监管都必须以确保人员和环境安全为核心。

2. 透明和沟通

及时、透明的信息沟通在核事件中至关重要。政府、核能机构和公众都应该能够获得准确的信息,以便采取适当的行动。

3. 培训与准备

事件发生后,对应急情况的培训和准备变得尤为重要。救援人员和决策者需要知道如何有效地应对核灾难,以最小化损害。

4. 国际合作

核事件不受国界限制,需要国际合作来应对。国际社区应该共同努力,分享经验和资源,以应对类似事件。

5. 可持续性和环保

事故引发了对核能可持续性和环保性的深刻思考。发展更安全和环保的核技术是未来的发展方向。

五、结 论

切尔诺贝利核电站事故是人类历史上最严重的核灾难之一,留下了深远的影响。这场灾难教导我们,核能是一项强大而复杂的技术,必须以高度的责任感和谨慎态度来处理。安全至上、透明沟通、培训准备、国际合作和可持续性都是从这场事故中汲取的宝贵教训。我们必须将这些教训铭记在心,以确保未来的核能利用更加安全、可持续,并不会对人类社会和环境造成危害。切尔诺贝利是一个永恒的警示,提醒我们时刻保持警惕,以防范核灾难的再次发生。

第三节 三里岛核事故

三里岛核电厂 2 号机组(TMI-2)是由美国巴布科克(Babcock)与威尔科克斯(Wilcox)联合设计,并由 Metropolitan Edison 公司运营的一座 959MW 电功率(净电功率为 880 MW)的压水反应堆机组。该机组于 1978 年 3 月 28 日成功达到临界状态,然而,仅仅一年之后的 1979 年 3 月 28 日,却遭遇了美国商用核电厂历史上最为严重的一次事故。这座核电厂坐落于美国宾夕法尼亚州首府哈里斯堡东南约 16 km 的位置。

此次事故的起因是给水系统的失效,进而引发了一系列瞬变事件。这些事件最终导致堆芯部分熔化，并有大量裂变产物被释放至安全壳内。尽管此次事故对环境的放射性释放量以及对运行人员和周边公众的辐射影响相对较小，但它却对全球核工业的发展产生了深远影响。

反应堆堆芯由 177 个燃料组件构成，这些组件被整齐地放置在直径为 4.35 m、高度为 12.4 m 的碳钢压力容器内。堆芯的直径为 3.27 m，高度为 3.65 m。每个燃料组件内部精心排列了 208 根燃料元件，它们按照 15×15 的栅格布局，确保了高效的核反应。

燃料元件采用的是富集度为 2.57% 的二氧化铀，而包壳材料则选用了耐腐蚀、高强度的 Zr-4 合金。这样的设计不仅提高了反应堆的热效率，还确保了燃料组件在极端条件下的稳定性和安全性。

反应堆系统配备了两个环路，每个环路都配备了两个高效的主循环泵和一台先进的直流式蒸汽发生器。这些设备协同工作，确保了一次冷却剂在 14.8 MPa（表压）的高压下，以 319.4 ℃的高温在反应堆内循环流动，有效地将堆芯产生的热量传递给蒸汽发生器。

为了维持反应堆压力的稳定，系统还设置了一个稳压器。当反应堆压力异常升高时，稳压器会自动启动，通过电动泄压阀（PORV）将多余的压力释放到反应堆冷却剂泄压箱中，从而确保反应堆的安全运行。

一、事故过程

1979 年 3 月 28 日早晨 4 时，反应堆运行在 97% 额定功率下。三个运行工作人员正在维修净化给水的离子交换系统，忙于把 7 号凝结水净化箱内的树脂输送到树脂再生箱去。事故是由凝结水流量丧失触发给水总量的丧失而开始的。几乎与此同时，凌晨 4 时 0 分 37 秒，主汽轮机跳闸。所有应急给水泵全部按设计要求启动，但实际上流量因隔离阀关闭而受阻。这时，反应堆继续在满功率下运行，反应堆一回路温度和压力上升，3 s 后达到稳压器电动泄压阀整定值 15.55 MPa。8 s 后，反应堆一回路压力达到紧急停堆整定值而自动紧急停堆。随着反应堆的紧急停堆，反应堆冷却系统经历预期的冷却剂收缩，冷却剂装量损失，一回路系统压力下降。大约在 13 s 时，压力达到稳压器泄压阀关闭整定值，它应该关闭但未能关闭。控制室内虽有一个指示灯有所反馈，但由于没有该阀状态的直接指示，操纵员误以为该阀门已被关闭。这样，一回路冷却剂就以大约 0.012 6 m/s 的初始速率向外漏水，蒸汽发生器水位在下降，这相当一个小破口失水事故。

在二回路，虽有三台应急给水泵在运行，但在例行试验时，在泵向蒸汽发生器供水管路上的两个隔离阀忘记打开了，这样就没有水能达到蒸汽发生器。失去了二次侧热阱，反应堆一回路系统继续在加热，蒸汽发生器水位继续在下降，逐渐干涸。

实际上，当进入事故大约 2 min 时，高压注入系统（HPI）自动触发从换料水箱抽取含硼水送入堆芯，但是只运行了 2 min 左右，操作人员就关闭了一台高压安全注入泵。这样就造成了注入的水流量速率小于通过电动泄压阀所损失的冷却剂损失速率。操作人员这样操作是因为他们看到稳压器中出现了高水位指示，误认为一回路水量太多。过去培训告诉操作人员，当水位达到稳压器完全充满水（实心稳压器）的刻度，是十分危险的，必须加以避免。在正常情况下，实心的稳压器是无法完成系统压力的控制功能的。实际上，稳压器的高水位指示是由于电动泄压阀开启后，在反应堆冷却剂系统中形成了分散的或分布的空泡所造成的，造成了水急剧地涌入稳压器内。应该说，一回路系统的布置并不能使压力容器与稳压器内冷却剂水位之间存在直接的关系。这时，操作人员仍然不知道一个 LOCA 事故继续在进行着。由于蒸汽含量的增加，反应堆主泵出现了剧烈振动。在事故大约 73 min 时，操作人员关闭了 B 回路两台主泵，以避免主泵和相关管路的严重损坏，特别是防止泵轴封损坏造成 SealLOCA。又在 100 min 时关闭了 A 回路内的反应堆冷却剂主泵。至此，主回路系统的强迫循环全部中断。操作人员期望能够依靠自然循环来避免堆芯过热，但自然循环未能建立。这时，堆内冷却剂已不足以完全覆盖堆芯。衰变热继续蒸干冷却剂。大约在主泵关停后 10 min，反应堆冷却剂出口温度迅速上升，超过仪表量程范围。在事故后大约 2.5 h，反应堆堆芯大部分已裸露，并经受了持续的高温。这种工况导致了燃料损坏，堆芯裂变产物的大量释放以及氢气的生成，堆芯已造成严重损坏。

直至事故后 15h50 min，成功地实现了强迫循环。一回路系统压力稳定在 6.89 ~ 7.58 MPa（g），表明了事故序列的结束。

二、事故的后果和堆芯损坏

在三个不同的时期里，2 号机组的堆芯曾有一部分或全部裸露过。

第一时期开始于事故发生后约 100 min，堆芯至少有 1.5 m 裸露大约 1 h。这是堆芯受到主要损坏的时期，此时发生强烈的锆—汽反应，产生大量氢气，同时有大量气体裂变产物从燃料释放到反应堆冷却剂系统中。

堆芯裸露的第二个时期出现在事故发生后约 7.5 h，堆芯大约有 1.5 m 裸露了很短一段时间，与第一时期相比，燃料温度可能低得多。

第三个阶段发生在事故大约 11 h 后，此时堆芯水位显著下降至 2.1 ~ 2.3 m 之间，该阶段持续 1 ~ 3 h。在此期间，燃料温度再次急剧上升，估计锆合金包壳氧化程度达到了 30% ~ 40%，堆芯上部约 1/3 区域遭受了严重破坏，燃料温度急剧攀升为 1 350 ~ 2 600 ℃。

据估算，事故期间约有 70% 的惰性气体（主要为氙 Xe）、30% 的碘、50% 的铯及少量其他裂变产物被释放至主冷却系统中。部分放射性物质通过开启的泄压阀进入安全壳底部的泄压箱，15 min 后泄压箱满溢，导致爆破阀破裂，放射性水流入地坑，同时裂变气体释放至安全壳内。随后，部分放射性水被错误地泵送至辅助厂房的排水箱，造成了一定程度的放射性物质外泄。

另一释放途径是操作员为缓解主回路系统水量过多而开启的下泄系统。操作员认为系统水量过多，于是打开了下泄系统，将部分冷却剂通过净化系统引入容积控制箱，进而与除气系统相连。然而，事故中产生的大量气体使除气系统超负荷，导致气体从容积控制箱的安全阀中排出。

对于厂外 80 km 半径范围内的 200 万人口，其集体剂量估计为 33 人·Sv，平均个体剂量为 0.015 毫西弗（mSv），而最大可能的厂外个体剂量为 0.83 毫西弗（mSv）。

三里岛核电厂事故中放射性物质的释放量之少，凸显了安全壳在防止放射性物质外泄方面的重要作用。尽管安全壳并非完全密封，但在事故中基本未受机械损伤。由于安全壳喷淋液中加入了氢氧化钠（NaOH），绝大多数碘和铯被有效捕集在安全壳内部。从安全壳泄漏出的少量气体经过辅助厂房时，大部分放射性物质也被过滤器所截留。

三、核电安全神话破灭的开端

三里岛第一起炉心熔毁事件发生前，核电一直被人们视为最安全的能源。1979 年 3 月 28 日事发前的凌晨 4 时，三里岛核电站的 2 号机组正以 97%功率运行，操纵员们在冲洗树脂时，水流通过一个因故障卡开的逆止阀时，进入仪用压空系统，导致了所有正在运行的混床被隔离。凝结水断流立即引起凝结水泵、凝升泵、主给水泵不正常运行，导致汽轮机停机，而后引起运行系统的连锁式非正常反应，操纵员慌乱中采取了不恰当的措施。2 h 后，反应堆顶部暴露出来，燃料棒覆层和芯块开始熔毁，产生的放射性同位素又释放到正在泄漏的冷却液中。一系列失误操作的结果使反应堆堆芯冷却水逐渐丧失，部分燃料棒锆包壳和铀燃料熔化，大量放射性物质，特别是氙、氪之类的气体与碘一起从反应堆释放出来，并有少量放射性物质随部分冷却水的泄漏而释放。汽轮机停机的 16 h 后，反应堆终于达到一个稳定状态，事故进程得以终止。"三里岛事故"后，曾经力推核能的人士也纷纷闭口，美国核管理委员会匆忙宣布暂停颁发新的核电站建造和运行许可证。三里岛事故的发生，导致核电安全神话被打破。

事故发生后，为尽快从中吸取经验和教训，美国于 1979 年 4 月 11 日委派总统委员会负责调查事故发生的深层次原因。调查报告显示，该事故是由设计缺陷、设备故障、人为失误等综合因素引起的。一是受技术水平制约，该核电站安全系统和报警系统设计存在固有缺陷，导致操纵员们在事故发生时束手无策。二是安全管理体制混乱，决策组织失序。比如，交接班人员对运行设备检查不负责，丧失专业警惕性，为弥补操作失误，进行后续错误操作，导致难以挽回的后果。因此，调查委员会对于核管理委员会、电力公司和他们的供应商、人员培训、技术措施、工人和公众健康安全、应急计划反应以及公众了解真相权利等 7 个方面提出了 44 条建议。

四、事件的双重影响

事故发生后，全美震惊，核电站附近的居民惊恐不安。一方面，由于反应堆的部分熔毁，造成了 250 万居里的放射性气体和 16 居里的放射性碘被排放到大气中，导致核电站方圆 5 英里内的孕妇和儿童紧急撤离，10 英里内的学校全部关闭，纽约爆发了 20 万人参加的反对建设核电站抗议活动。民众方面，对核能发展的信心严重受挫。核电发展方面，美国核电行业受到重创而一蹶不振，已订购的核电机组被取消了订单，部分修建中的机组也被迫停工，事故后长达 30 年的时间里，美国没有建设或投产过一台核电机组。另一方面，该事故促进核电行业改革步伐和健康发展。美国加强了核电厂设计与设备要求，对主控报警装置重新进行分类，以提高应急准备水平等。专门成立了美国核动力运行研究所和美国核能协会，以利于与美国核管理委员会等政府机构及国会沟通。核管理委员会也及时成立了 24 h 值班运营中心，建立了定期公开报告制度，以应对突发状况。事故发生 43 年后的 2022 年 8 月 22 日，负责三里岛核电厂 2 号机组的解决方案公司，向美国核管会申请更换许可证，以退役该机组。

据《2023 年全球风险报告》显示，许多国家日益面临能源安全与可持续性权衡问题，清洁能源发展对生态系统构成潜在威胁。三里岛核电站事故虽已过去几十年，但时刻向世人敲响警钟，更对我国核能高质量发展具有重要启示。

提高核安全在国家安全战略中的级别。在世界能源资源约束下，核能将是未来重要的绿色替代能源，使用核能仍是主流趋势。我国是核能与核技术利用大国，保证核安全一直是国家安全的重中之重。从发生核事故的国家看，人们承受生态灾难和潜在风险长达几十年，甚至上百年。虽然世界核能技术日益精密，但这并不意味着核能的绝对安全，核事故仍是国家安全不容忽视的潜在威胁。因此，我们应及时完善多元主体参与的核安全治理体系，提高核能的安全级别，时刻筑牢核安全防线。

构建科学有效的核安全监管责任体系。把保障核安全作为国家的重要责任，强力推进核安全监管体系和监管能力现代化，保障核安全监管的独立性和有效性。一是健全多层级的监管机构。实行核安全、辐射安全和辐射环境管理的统一独立监管，建立总部机关、地区监督站、技术支持单位"三位一体"的监管组织体系。二是建立全链条实施审评许可制度。要强化对核设施、核材料、核活动和放射性物质的安全管控，实施以风险为指引、以问题为导向的审评方法体系，持续提升独立验证和校核计算、概率安全分析和风险评估能力。三是全过程监督执法。坚持依法对核设施和从事核活动的单位进行监督检查，确保符合核安全法规标准和许可要求。

健全核供应链风险预警机制。跨区域的国际冲突或将导致全球核供应链发生重大改变，随时有可能打破现有的核供给格局。当务之急，我国必须增强核供应链韧性，维护国家能源安全。一是建立有效的风险自查评估机制。准确辨析"孤源""断点""梗阻"等供应链的威胁因素，探索建立关键原材料的战略储备机制，以应对可能爆发的世界性风险。二是打造自主可控的核工业链。立足国内较为完整的供应链优势，关注其他国家能源发展规划，积极开拓国际市场，通过扩大海外市场规模带动供应链发展，确保更加多样、更加系统、更加稳定的供应渠道，积极应对各类风险，保障我国核供应链的长期安全。

积极打造核安全命运共同体。核安全问题是全球共同面临的重要安全问题之一，任何的核事故都会引发国际间不可预料的"蝴蝶效应"。当前国际核安全局势复杂多变，任何国家在此问题上想独善其身都是不可能的。核安全问题是所有核国家应该担负起的国家责任，要把核安全作为核能事业长期发展的前提，忠实履行国际义务和政治承诺，支持加强核安全的多边努力,建立和加强国际间的核安全交流合作机制。打造核安全命运共同体,世界各国应以团结精神和共赢思维应对复杂交织的核安全挑战。

第四节 质量典型案例

一、宁德1#机组 PMC 乏燃料水池吊车手摇盘车机构与电机轴连接销子断裂事件

【案例描述】2010年4月21日上午,1#机组PMC乏燃料水池吊车进行空载试验。试验前按要求需要拆除大车电机的手摇机构,上午拆除过程中发现手摇机构锈蚀无法拆除。下午4点左右在拆除乏吊导向侧大车电机盘车手轮时,工程公司代表、外方厂家代表和班组人员用手锤和螺丝刀对电机手轮部位进行反复敲打后,手轮没有松动。承重侧的电机盘车手轮使用同样的方法也未能拆除。厂家代表见手摇机构无法脱离电机,提出让班组使用三爪拉马对电机手轮进行拆除,结果仍未拆除。

最终在厂家代表与工程公司代表协商后对电机进行解体后发现:手摇机构轴和电机轴的连接销已经断裂,如图8-3所示。

图 8-3 PMC 乏燃料水池吊车手摇盘车机构

【原因分析】

(1)直接原因。

班组人员协助外方专家及工程公司人员在拆卸手轮过程中,在没有弄清原因的情况下擅自对电机进行处理,对电机手轮进行敲击。

(2)间接原因。

班组在配合外方专家及工程公司人员在拆卸手轮作业中,发现手轮无法拆除的问题没有向有关人员报告,没有征得生产负责人同意擅自处理存在的问题,存在经验主义的

不安全行为。

施工班组作业前已经过安全技术交底，特别是生产部对此次试验专门做了质量安全风险施工的专项计划，明确指出试验过程。

【预防措施】

（1）针对此次事件组织施工人员、技术人员、检查人员进行经验反馈学习，加强员工的质量意识培训。举一反三查找原因，杜绝类似事件再次发生。

（2）加强技术人员以及质量检查人员对施工活动的现场有效跟踪，以便在突发事件发生后，及时与有关人员沟通，提出有效合理的处理方案。

（3）加大力度对新进员工的技能培训，提高个人质量意识，增强现场工作的应变能力，避免野蛮施工，组织对有关的技术文件的学习和培训。

（4）在类似工作开展时，提前进行有效的组织，对施工过程中可能会遇见的风险进行有效评估，并明确施工重点、难点、问题点。

二、岭澳二期 3#机组稳压器人孔螺栓更换事件

【案例描述】岭澳二期 3#机组稳压器及人孔附件于 2009 年 2 月到货，其 16 根人孔螺栓的箱号为 LD120A100196，到货批次号为 NI20081053，批次都是与 3 号机组相符，而且螺栓外包装上也有明显的稳压器标识。于 2009 年 4 月 17 日领用共计 16 套螺栓（WAS 单号 EM2-EM2-00290-01）。2009 年 9 月 3#机组冷试前关闭稳压器人孔工作中这批螺栓第一次被使用，冷试后役前超声检查结果未见异常。

2009 年 11 月，4#机组蒸汽发生器人孔附件到货，批次为 NI20091440，这批螺栓于 2010 年 4 月 9 日根据 WAS 单（蒸汽发生器人孔螺栓编号：EM2-EM2-00563-01、EM2-EM2-00564-02、EM2-EM2-00565-03）从仓库领出，准备用于 4#机组冷试前蒸汽发生器关闭人孔工作中。在 EM2 技术人员和施工班组人员清点核对物项数量时发现一环一次侧人孔螺栓和螺母中有两种编号：16 套的编号是 PR/LD071 BL-001，另 16 套编号是 GV-LD 318 BL-010。为此，对 3、4#机组稳压器人孔螺栓供货装箱清单进行了核查，装箱单显示螺栓编号分别为 PR/LD 071 BL-001 和 PR/LD 072 BL-001。技术员杨某和施工人员王某某认为供货有误，于是立刻去仔细核查从 3#机组稳压器人孔拆下来的螺栓，发现其螺栓编号恰是 GV-LD 318 BL-010，这就更加引起了施工人员的质疑，为什么同样编号的螺栓会装在不同的设备上？同一台蒸汽发生器会使用不同编号的螺栓？但只有蒸汽发生器一次侧人孔才有 32 套螺栓和螺母，且编号为 PR/LD 071 BL-001 的螺栓只有 16 颗，因此，施工人员初步判断是厂家 2009 年 2 月供货有误，错把 4#机组蒸汽发生器的螺栓误供到 3#机组稳压器上（未收到厂家供货错误信息反馈）。

发现此问题后的技术员杨某在第一时间报告了 EM2 队技术支持室主任李某某，施工人员王某某报告了 EM2 队生产部经理王某某。为了保证 3#机组稳压器与螺栓相匹配，在他们同意的情况下，施工人员将 3#机组稳压器拆下来的螺栓和螺母（编号 318）与随 4#

机组一环一次侧人孔供货的螺栓和螺母（编号 071）在 AF 厂房进行调换（即将编号为 GV-LD 318 BL-010 的 32 套螺栓、螺母放在一起，将编号为 PR/LD 071 BL-001 螺栓、螺母与稳压器部件放在一起。于 2010 年 5 月 1 日完成了 3#机组稳压器人孔的关闭相关工作，未发现异常（质量计划号 TQP-EM2.1-K038-0003）。但此次调换螺栓并没有得到上游任何正式文件支持，也没有做任何记录。造成在 3#机组装料前关闭稳压器人孔工作中使用了没有经过

役前超声检查但本该属于 3#机组稳压器的螺栓和螺母。

【原因分析】

供货装箱单没有发到现场班组，致使班组人员在 3#机组施工时无法核对所用物项的正确性。

发现问题后，施工队相关人员没有及时报告项目部，也没有按照公司《质量信息报送管理规定》中的规定将此事件报告公司；施工队没有认真分析该物项对核安全可能导致的风险，也没有报告公司有关部门，而是私自下决定，擅自进行处理，违背了核电蓝色透明质量管理的原则。

EM2 队没有按照正常渠道反映该问题，即进行了物项调换。

在没有得到上游任何正式文件支持，只是凭口头商议就进行现场施工活动。

此事暴露出施工队技术员、工人对设备做工况试验工艺的原理不了解，未能认识将没有经过役前超声检查的螺栓 3#机组稳压器和螺母用在的危害。

【预防措施】

要求所有用于现场施工相关文件必须分发到施工班组，得到及时有效的指导施工文件。

对现有核安全重要物项的供货信息、实物、文件等进行仔细检查，认真核对物项各类编号（包括外包装的编号以及物项的永久编号）等，确保所使用物项正确。

组织经验反馈和培训教育，杜绝类似事件的发生。

针对此事，将加大对队技术人员的业务培训，使其了解核设备的工况状态的各种要求，确保核设备的正确安装。

处理问题时应遵循可追溯性原则，严禁"经验主义"办事；对存有异议的物项应通过正式文件发函进行澄清，不得在无任何文件的情况下进行更换或替代。

发现异常情况严格按照相关程序第一时间上报，对于不能判断后果的问题应由设计部门给出意见，严厉禁止擅自处理。

所有施工活动严格按照程序办事，杜绝无施工文件支持的活动发生，做到"凡事有章可循"。

让人人都知道"核电无小事"任何一件错误的决定将会给核电带来无法挽回的社会影响和经济损失。牢记这次沉痛的教训，人人都要把安全、质量放在首位，真正树起"人人都是一道核电安全屏障"的思维和做法。

三、福清 1#机组主泵泵壳翻转倾翻事件

【案例描述】：2012 年 1 月 7 日 15 时 30 分，福清项目部主设备安装班在 1#机核 + 20 m 平台利用环吊对 1#主泵泵壳进行翻转施工，吊点分别设在 AP1、AP2、AP3 支耳，AP1、AP2 吊点与安装小车吊钩联接，AP3 吊点与运行小车吊钩联接。安装小车与运行小车联动，起升泵壳高度至离地面约 200 mm 处，静置 10 分钟，检查吊具与设备，无异常。平移泵壳至翻转作业区，起升泵壳高度至离地面约 600 mm 处。解除安装小车与运行小车联动，缓慢起升运行小车至泵壳支耳所在平面与地面夹角约时，泵壳静置约 5~6 min 对钢丝绳各吊点进行检查，无异常。36°

在泵壳支耳 AP1、AP2 上设置泵壳防摆动溜放装置，安装溜放装置期间，泵壳自动翻转，泵壳出水管口先着地并且泵壳本体伴随旋转（俯视逆时针），继而泵壳进水管口着地，如图 8-4 所示

事后，施工人员在环吊安装小车下方发现一颗断裂的 M24×100 螺栓。此次事件未造成人员伤亡。

图 8-4　主泵泵壳倾翻前、后对比

【伤害程度】

（1）泵壳支耳工艺孔处有钢丝绳压痕。

（2）进水管口（U6 焊口）外缘沿 270°方向至 180°方向，从 270°位置开始有弧长约 140 mm、深 2.4 mm 缺陷；在缺陷两端向 0°方向有 50 mm、向 180°方向有 120 mm 擦伤痕迹。

（3）出水管口（F1 焊口）外缘沿 180°方向至 270°方向，从距 180°位置 30 mm 处开始有弧长约 50 mm、深 1.3 mm 缺陷；在缺陷两端向 270°方向有 75 mm、向 90°方向有 300 mm 擦伤痕迹。

（4）泵壳其他部位未见缺陷。

【原因分析】

（1）直接原因。

主泵泵壳在吊装过程中，重心趋于并越过翻转临界，从而导致泵体倾翻。

（2）根本原因。

① 主泵设计、到货形式存在吊装倾翻隐患：参照其他同类型核电项目，主泵泵壳不需翻转或有翻转吊耳，福清项目机组 1 环主泵泵壳到货状态为法兰面朝下，且无专用吊耳，设备现场翻转存在倾翻的风险。

② 《主泵泵壳安装施工方案》施工方案不充分。主泵壳外形呈不规则多边形，无专用吊耳。泵壳现场翻转采用新的施工工艺，这类特殊吊装活动，未引起足够重视，没有深入解读图纸并深入研究施工工艺、没有及时申请专家至现场进行技术支持和指导。

③ 施工方案的编制未经过最终审核：福清项目 EM2 队于 2011.5.26 日向公司平台技术部门提交了方案审核单，在 2011.6.1 日提出 10 条审核意见，并指出在方案修改后需重新上报进行审核确定（即审核结论为"RFI"），但至正式施工前，施工队不能提交修改后并进行审核和同意发布的证明文件。

④ 施工方案中操作步骤不够细化：不能全面覆盖现场施工活动，对风险的评估及采取的措施不足。

⑤ 两次方案变更均为现场签字，未按程序要求执行内部会审流程。

两次现场方案变更较为仓促且其中对于变更内容描述较笼统，不能完全覆盖现场操作内容，特别是泵壳翻转部分内容只做大致描述，不够细致并且现场指导作用有限。

⑥ 施工中未严格执行已发布的方案、变更文件流程。

现场实际操作与施工方案及现场变更不一致的情况。如：泵壳提升至地面约 600 mm，安装小车不动（AP1、AP2 不动），起升运行小车（提升 AP3）并使泵壳法兰面与地面成约 36 度作吊索具检查，该项操作在安全技术交底时有（提升高度为适宜高度），但在方案未体现。

⑦ 安全技术交内容不详细、不完整，针对性不够。缺少泵壳三个支耳所在平面与地面的夹角控制措施、未增加翻转后防止泵壳摆动措施等细节。

【整改措施】

（1）赶工时需合理安排施工任务，严格遵循"安全第一、质量第一"的方针，不急躁、不冒进。

（2）后续施工中应尽早取得上游技术文件，以利于对施工工艺过程进行详细的分析和消化，充分挖掘施工工艺的风险并制定行之有效的预防措施；

（3）重大施工活动或采取新工艺的施工活动需要引起足够重视并邀请专家对施工方案进行技术交流并在施工过程中邀请专家进行现场指导，防止新工艺或新技术的技术准备及现场实施存在漏洞或不足。

（4）施工方案编制及相应配套文件编制过程中需要技术人员和施工人员充分沟通和

交流，做到方案中的步骤即为现场实际操作步骤，使现场施工人员按照施工方案的操作能按部就班的完成施工活动，并使方案全面覆盖现场施工操作。

（5）严格控制施工工艺，现场操作必须严格按照方案中步骤操作，若与方案有差异应升版或变更方案并重新执行方案编、审、批流程。

（6）管理人员应做好监督和检查工作，并严格控制施工过程。

附录 1

《核电厂质量保证安全规定》（节选）

1991 年 7 月 27 日国家核安全局令第 1 号发布

1. 引言

1.1 概述

1.1.1 本规定对陆上固定式热中子反应堆核电厂的质量保证提出了必须满足的基本要求。

1.1.2 本规定提出的质量保证原则，除适用于核电厂外，也适用于其他核设施。
目录

1.1.3 为了保证核电厂的安全，必须制定和有效地实施核电厂质量保证总大纲和每一种工作（例如厂址选择、设计、制造、建造、调试、运行和退役）的质量保证分大纲。本规定对制定和实施这些大纲提出了原则和目标。各种质量保证大纲所遵循的原则是相同的。

1.1.4 必须指出：在完成某一特定工作中（例如在厂址选择、设计、制造、建造、调试、运行和退役中），对要达到的质量负主要责任的是该工作的承担者，而不是那些验证质量的人员。

1.1.5 质量保证大纲应包括为使物项或服务达到相应的质量所必需的活动，验证所要求的质量已达到所必需的活动，以及为产生上述活动的客观证据所必需的活动。

1.1.6 质量保证是"有效管理"的一个实质性的方面。通过有效管理促进达到质量要求的途径是：对要完成的任务作透彻的分析，确定所要求的技能，选择和培训合适的人员，使用适当的设备和程序，创造良好的开展工作的环境，明确承担任务者的个人责任等。概括来说，质量保证大纲必须对所有影响质量的活动提出要求及措施，包括验证需要验证的每一种活动是否已正确地进行，是否采取了必要的纠正措施。质量保证大纲还必须规定产生可证明已达到质量要求的文件证据。

1.1.7 各部门执行本规定的具体方法（对于整个核电厂和各种工作）可以有所不同，但在任何情况下，都必须遵循本规定所确定的原则，制定详细的执行程序。还必须指出：质量保证大纲必须周密制定，便于实施，并保证技术性的和管理性的工作两者充分地结合。

1.2 范围

本规定对核电厂的厂址选择、设计、制造、建造、调试、运行和退役期间的质量保证大纲的制定和实施提出了原则和目标。这些原则和目标适用于对安全重要物项和服务的质量具有影响的各种工作，例如设计、采购、加工、制造、装卸、运输、贮存、清洗、土建施工、安装、试验、调试、运行、检查、维护、修理、换料、改进和退役。这些原则和目标适用于所有对核电厂负有责任的人员、核电厂设计人员、设备供应厂商、工程公司、建造人员、运行人员以及参与影响质量活动的其他组织。

1.3 责　任

1.3.1 为了履行保证公众健康和安全的责任，营运单位必须遵照《中华人民共和国民用核设施安全监督管理条例》和本规定的要求制定相应适用的核电厂质量保证总大纲，并报国家核安全部门审核。

1.3.2 对核电厂负有全面责任的营运单位必须负责制定和实施整个核电厂的质量保证总大纲。核电厂营运单位可以委托其他单位制定和实施大纲的全部或其中的一部分，但必须仍对总大纲的有效性负责，同时又不减轻承包者的义务或法律责任。

2. 质量保证大纲

2.1 概　述

2.1.1 必须根据本规定提出的要求，制定质量保证总大纲，这是核电厂工程不可分割的一部分。总大纲必须对核电厂有关工作（例如厂址选择、设计、制造、建造、调试、运行和退役）的控制作出规定。每一种工作的控制也必须符合本规定的要求。

2.1.2 整个核电厂和某项工作领域的管理人员，必须按照工程进度有效地执行质量保证大纲（包括交货期长的物项的材料采购）。核电厂运行管理部门必须保证在运行期间质量保证大纲的有效执行。

2.1.3 所有大纲必须确定负责计划和执行质量保证活动的组织结构，必须明确规定各有关组织和人员的责任和权力。

2.1.4 大纲的制定必须考虑要进行的各种活动的技术方面。大纲必须包括有关规定，以保证认可的工程规范、标准、技术规格书和实践经验经过核实并得到遵守。除了管理性方面的控制之外，质量保证要求还应包括阐述需达到的技术目标的条款。

2.1.5 必须确定质量保证大纲所适用的物项、服务和工艺。对这些物项、服务和工艺必须规定相应的控制和验证的方法或水平。根据已确定的物项对安全的重要性，所有大纲必须相应地制定出控制和验证影响该物项质量活动的规定。

2.1.6 所有大纲必须为完成影响质量的活动规定合适的控制条件。这些规定要包括为达到要求的质量所需要的适当的环境条件、设备和技能等。

2.1.7 所有大纲还必须规定对从事质量活动的人员的培训。

2.1.8 必须定期地对所有大纲进行评价和修订。

2.1.9 所有大纲必须规定文件的语种。必须采取措施保证 行使质量保证职能的人员对书写文件的语言具有足够的知识。文件的翻译本必须由合格的人员进行审查，必须验证是否与原文件相一致 。

2.2 程序、细则及图纸

2.2.1 所有大纲必须规定，凡影响核电厂质量的活动（包括核电厂运行期间的活动）都必须按适用于该活动的书面程序、细则或图纸来完成。为确定各种重要的活动是否已满意地完成，程序、细则和图纸必须包括适当的定性和（或）定量的验收准则。

2.2.2 从事各项活动的单位，必须制定有计划地、系统地实施核电厂工程各个阶段的质量保证大纲的程序并形成文件。编写的程序必须便于使用，包括所需的专业技能，内容清楚、准确。必须根据需要定期对程序进行审查和修订，以便保证所有影响质量的活动都得到考虑而无遗漏。

2.3 管理部门审查

所有大纲必须规定，参与实施大纲的单位的管理部门要对其负责的那部分质量保证大纲的状况和适用性定期进行审查。当发现大纲有问题时，必须采取纠正措施。

3. 组 织

3.1 责任、权限和联络

3.1.1 为了管理、指导和实施质量保证大纲，必须建立一个有明文规定的组织结构并明确规定其职责、权限等级及内外联络渠道。在考虑组织结构和职能分工时，必须明确实施质量保证大纲的人员既包括活动的从事者也包括验证人员，而不是单一方面的责任范围。组织结构和职能分工必须做到：

（1）由被指定负责该工作的人员来实现其质量目标，可以包括由完成该工作的人员所进行的检验、校核和检查；

（2）当有必要验证是否满足规定的要求时，这种验证只能由不对该工作直接负责的人员进行。

3.1.2 必须对负责实施和验证质量保证的人员与部门的权限及职能作出书面规定。上述人员和部门行使下列质量保证职能：

（1）保证制定和有效地实施相应适用的质量保证大纲；

（2）验证各种活动是否正确地按规定进行。

这些人员和部门必须拥有足够的权力和组织独立性，以便鉴别质量问题，建议、推荐或提供解决办法。必要时，对不符合、有缺陷或不满足规定要求的物项采取行动。以制止进行下一步工序、交货、安装或使用，直到作出适当的安排。

3.1.3 负责质量保证职能的人员和部门必须向级别足够高的管理部门上报，以保证上述必需的权力和足够的组织独立性，包括不受经费和进度约束的权力。由于人员数目、进行活动的类型和场所等有所不同，因此，只要行使质量保证职能的人员和部门已经拥有所需要的权力和组织独立性，执行质量保证大纲的组织结构可以采取不同的形式。但是，不管组织结构如何，在进行影响质量的活动的任何场所负责有效地实施质量保证大纲任何部分的一个或几个人，都必须能直接向为有效地实施质量保证大纲所必需的级别足够高的管理部门报告工作。

3.2 单位间的工作接口

在有多个单位的情况下，必须明确规定每个单位的责任，并采取适当的措施以保证各单位间工作的接口和协调。必须对参与影响质量的活动的单位之间和小组之间的联络做出规定。主要信息的交流必须通过相应的文件。必须规定文件的类型，并控制其分发。

3.3 人员配备与培训

3.3.1 为了挑选和培训从事影响质量的活动的人员，必须制定相应的计划。该计划必须反映出工作进度，以便留出充足的时间，用以指定或挑选以及培训所需要的人员。

3.3.2 必须根据从事特定任务所要求的学历、经验和业务熟练程度，对所有从事影响质量的活动的人员进行资格考核。必须制定培训大纲和程序，以便确保这些人员达到并保持足够的业务熟练程度。在某些情况下，必须酌情颁发资格证书，以证明达到和保持的业务水平。安全导则HAD003/02列有执行本安全规定这一部分要求的可行方法。

4. 文件控制

4.1 文件的编制、审核和批准

必须对工作的执行和验证所需要的文件（例如程序、细则及图纸等）的编制、审核、批准和发放进行控制。控制措施必须包括明确负责编制、审核、批准和发放有关影响质量的活动的文件的人员和单位。负责审核和批准的单位或个人有权查阅作为审核和批准依据的有关背景材料。

4.2 文件的发布和分发

必须按最新的分发清单建立文件发布和分发系统。必须采取措施，使参与活动的人员能够了解并使用完成该项活动所需的正确合适的文件。

4.3 文件变更的控制

变更文件必须按明文规定的程序进行审核和批准。审、批单位有权查阅作为批准依据的有关背景材料，并必须对原文件的要求和意图有足够的了解。变更的文件必须由审核和批准原文件的同一单位进行审核和批准，或者由其专门指定的其他单位审核和批准。必须把文件的修订及其实际情况迅速通知所有有关的人员和单位，以防止使用过时的或不合适的文件。

5. 设计控制

5.1 概 述

5.1.1 必须制定控制措施并形成文件，以保证把规定的相应设计要求（例如国家核安全部门的要求、设计基准、规范和标准等）都正确地体现在技术规格书、图纸、程序或细则中。设计控制措施还必须包括确保在设计文件中规定和叙述合适的质量标准的条款。必须控制对规定的设计要求和质量标准的变更和偏离。还必须制定措施，对构筑物、系统或部件的功能起重要作用的任何材料、零件、设备和工艺进行选择，并审查其适用性。

5.1.2 必须在下列方面应用设计控制措施：辐射防护；人因；防火；物理和应力分析；热工、水力、地震和事故分析；材料相容性；在役检查、维护和修理的可达性以及检查和试验的验收准则等。

5.1.3 所有设计活动必须形成文件，使未参加原设计的技术人员能进行充分的评价。

5.2 设计接口的控制

必须书面规定从事设计的各单位和各组成部门间的内部和外部接口。必须足够详细地明确规定每一单位和组成部门的责任，包括涉及接口的文件编制、审核、批准、发布、

分发和修订。必须为设计各方规定涉及设计接口的设计资料（包括设计变更）交流的方法。资料交流必须用文件记载并予以控制。

5.3 设计验证

5.3.1 设计控制措施必须为验证设计和设计方法是否恰当作出规定（例如通过设计审查、使用其他的计算方法、执行适当的试验大纲等）。设计验证必须由未参加原设计的人员或小组进行。必须由设计单位确定验证方法，并必须按规定的范围用文件给出设计验证结果。

5.3.2 当用一个试验大纲代替其他验证或校核方法来验证具体设计特性是否适当时，必须包括适当的原型试验件的鉴定试验。这个试验必须在受验证的具体设计特性的最苛刻设计工况下进行。当不能在最苛刻设计工况下进行试验时，如果能把结果外推到最苛刻设计工况，并且试验结果能验证具体设计特性时，则允许在其他工况下做试验。

5.4 设计变更

必须制定设计变更（包括现场变更）的程序，并形成文件。必须仔细地考虑变更所产生的技术方面的影响，所要求采取的措施要用文件记载。对这些变更必须采用与原设计相同的设计控制措施。除非专门指定其他单位，设计变更文件必须由审核和批准原设计文件的同一小组或单位审核和批准。在指定其他单位时，必须根据其是否已掌握有关的背景材料，是否已证明能胜任有关的具体设计领域的工作，以及是否足够了解原设计的要求及意图等条件来确定。必须把有关变更资料及时发送到所有有关人员和单位。

名词解释

在核电厂安全规定中下列名词术语的含义为：

运行状态

正常运行或预计运行事件两类状态的统称。

正常运行

核电厂在规定运行限值和条件范围内的运行，包括停堆状态、功率运行、停堆过程、启动、维护、试验和换料。

预计运行事件

在核电厂运行寿期内预计可能出现一次或数次的偏离正常运行的各种运行过程；由于设计中已采取相应措施，这类事件不至于引起安全重要物项的严重损坏，也不致导致事故工况。

事故（事故状态）

事故工况和严重事故两类状态的统称。

事故工况

以偏离运行状态的形式出现的事故，事故工况下放射性物质的释放可由恰当设计的设施限制在可接受限值以内，严重事故不在其列。

设计基准事故

核电厂按确定的设计准则在设计中采取了针对性措施的那些事故工况。

严重事故

严重性超过事故工况的核电厂状态,包括造成堆芯严重损坏的状态。

事故处理

为使核电厂恢复到受控安全状态并减轻事故后果而采取的一系列阶段性行动,行动阶段的顺序如下:

(1)事故序列在发展中,但尚未超出核电厂设计基准的阶段;

(2)发生严重事故,但堆芯尚未损坏的阶段;

(3)堆芯损坏后的阶段。

核安全(安全)

完成正确的运行工况、事故预防或缓解事故后果从而实现保护厂区人员、公众和环境免遭过量辐射危害。

安全系统

安全上重要的系统,用于保证反应堆安全停堆、从堆芯排出余热或限制预计运行事件和事故工况的后果。

保护系统

由各种电器件、机械器件和线路(从传感器到执行机构的输入端)组成的产生与保护功能相联系的信号系统。

安全执行系统

由保护系统触发用以完成必需的安全动作的设备组合。

安全系统辅助设施

为保护系统和安全执行系统提供所需的冷却、润滑和能源等服务的设备组合。

上述五个术语相互间的关系参见附图1所示。

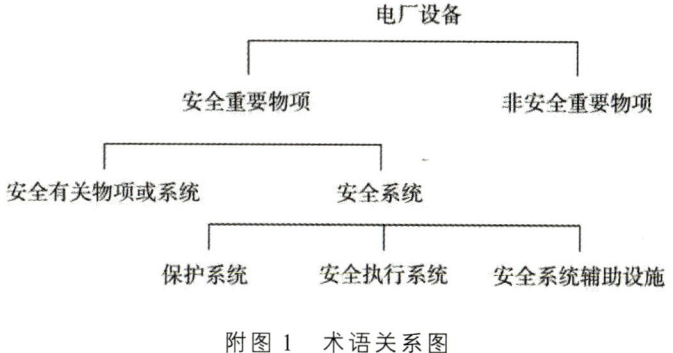

附图1 术语关系图

调　试

核电厂已安装的部件和系统投入运行并进行性能验证,以确认是否符合设计要求、是否满足性能标准的过程。调试由反应堆装载燃料前和反应堆进入临界、链式裂变反应在持续进行中两种条件下的试验组成。

建　造

包括核电厂的部件制造、组装、土建施工、部件和设备的安装及有关联的试验在内的过程。

退　役

核电厂最终退出运行的过程。

燃料组件

作为一个整体装入堆芯，尔后又自堆芯撤除的燃料元件组。

燃料元件

以燃料为其主要组成部分的最小独立结构件。

运　行

为实现核电厂的建厂目的而进行的全部活动，包括维护、换料、在役检查及其他有关活动。

附录2

《核电厂质量保证记录制度》(HAD003/04)(节选)

根据 HAF003《核电厂质量保证安全规定》(以下简称《安全规定》)中提出的原则和目标,本导则专门叙述核电厂质量保证记录制度。

本安全导则对有关核电厂设计、制造、建造、调试和运行等方面记录的标识、收集、编索引、归档、贮存、保管提出了要求和建议。《核电厂质量保证记录制度》节选内容如下:

……

3. 记录的分类

质量保证记录有各种类型,有各种分类方法。例如按设计、制造、建造、调试和运行等不同时期划分;按其对安全性和可靠性的作用划分;按质量管理要求和质量实施记录划分;按保存期划等。本节主要介绍按贮存期限分类原则。导则要求建立两种记录:永久性和非永久性记录。

3.1 永久性记录

对已安装在核电厂中或贮存起来供今后使用的物项,永久性记录由责任单位或其他单位妥善保存,保存期应不短于该物项的使用寿期。

永久性记录是具有以下一项或几项重要价值的记录:
(1)证明物项的安全运行能力。
(2)使物项的维修、返工、修理、更换或修改得以进行。
(3)确定物项发生事故或动作失常的原因。
(4)为在役检查提供所需要的基准数据。
(5)便于退役。

3.2 非永久性记录

非永久性记录是为证明工作已按规定要求完成所必需的,但又不需要满足永久性记录要求的记录。

非永久性记录保存时间,可由记录产生单位与营运单位协商确定,或由产生单位自己确定。该单位在处理非永久性记录之前应通知营运单位。

4. 记录制度

4.1 记录管理

4.1.1 记录的产生

本安全导则不包括需产生的记录细节的规定。

在适用的设计技术条件、采购文件、试验程序、运行规程或其他文件中均必须规定出由责任单位产生的记录、提供给责任单位的记录，或为责任单位保存的记录。

适用的记录只有在注明日期并经授权人员签字、盖章或作其他鉴定后方能生效。记录可以是原件或复制件。

所有记录必须字迹清楚、内容完整，并按所记述的物项进行标识。

所有记录必须用合适的材料制成，以防在要求的保存期内损坏。

4.1.2 记录的索引

记录必须编入索引。索引至少应包括：记录名称和有关的物项或活动；产生记录的单位或人员；记录的保存时间；记录在贮存区内存放的位置。

在签收记录前，应该制订编写索引的方法。保存记录的单位或部门所用的索引应提供足够的信息以便识别物项及其有关的记录。

4.1.3 记录的分发

记录必须按书面程序分发。

4.1.4 记录的标识

每项记录必须提供足够的识别信息，以便辨别该项记录所对应的物项或活动。

4.1.5 记录的保存分类

必须按本导则对永久性记录和非永久性记录的保存作出规定，由责任单位书面形式将记录分类。

记录的类型及其保存的例子见附录I。

4.1.6 记录的保存时间

责任单位必须根据国家核安全部门的要求，规定各类记录的保存时间。

4.1.7 记录的修正和增补

修正和增补记录必须按书面程序进行，并由建立该记录的原单位审查批准；

无法按此执行时，则必须由其他被授权单位进行审批。程序必须规定何时及何种情况下必须保留原始资料。修正或增补中应注明日期和被授权发布这种修正或增补的人员的姓名。

4.2 记录的签收

4.2.1 概述

本节为制订核电厂的设计、制造、建造、调试和运行中的记录签收的要求提供指导。应使记录管理人员了解所管记录的价值，并必须保证他们在职期间妥善管好这些记录。

4.2.2 计划

必须制订并执行记录编制和提交的计划，以保证在需要时可供使用。

4.2.3 签收管理

负责签收记录的每个单位都必须建立和执行记录签收制度。记录签收制度必须不仅适用于最终贮存档案，也适用于临时工作档案。签收制度至少应包括：

（1）所需记录的清单；

（2）已签收记录的清单；

（3）签收及审查所得记录完整性的程序。

4.2.4 状态

签收制度应便于在接收过程中对记录状态进行及时的和确切的评定。

4.3 记录的检索和查阅

4.3.1 检索

记录必须保存在责任单位和记录产生的单位都可接受的地点。必须在这些地点配备工作人员和检索设施，以便需要时能够检索贮存在该处的任何记录。

4.3.2 查阅

必须做出规定，以便责任单位或指定人员（必要时包括记录产生单位），均能在规定保存期内的任何时候查阅保存在规定地点的记录。必须对出入记录保存地点加以控制。

4.4 处理

4.4.1 责任

责任单位必须制订控制记录转移和处理的程序。

4.4.2 记录的积累和移交

必须便于责任单位直接或通过委托单位调阅各场所积累的记录以进行审查。

移交记录时，责任单位或其指定人员必须按已制订的程序清点所积累的记录、确认收讫并整理这些记录。

4.4.3 非永久性记录的处理

定为非永久性的记录，其保存时间不得少于责任单位规定的最短期限。超过这个期限之后，这些记录可由责任单位处理或经其同意后代为处理。

记录类型及保存分类

本附录列举了与安全有关物项和活动的记录类型及保存分类的一些例子，供参考用。责任单位可选用其他的分类方法。

通常，对于"结果"归为永久性的记录类，其相应的"程序"归为非永久性；

当对"结果"的解释依赖于"程序"本身时，两者都应归入永久性记录。

（1）设计记录

永久性记录：安全分析报告；采购、设计技术规格书及其修改；技术分析、评定和报告；建造竣工图纸；设计报告；设计计算和校核记录；设计使用的法规和标准；设计图纸；图纸管理程序；系统流程和检测仪表图；系统说明；应力报告；质量保证监查报告。

非永久性记录：设计变更申请书；设计程序和手册；设计偏离；设计审查报告；现场活动的工程监督报告。

（2）采购记录

永久性记录：采购技术规格书。

非永久性记录：采购程序；供方的质量保证大纲手册；收货记录；买方（未标价）定

货单（包括其修正）；买方签约前的质量保证调查；质量保证监查报告。

（3）制造记录

永久性记录：不符合项报告；材料性能记录；超声检验最终结果；磁粉检验。最终结果；编码数据报告；管道和配件位置报告；焊缝填充材料的部位；焊接程序；合格证书；竣工图纸；热弯曲程序；射线照相审查表格和底片；铁素体材料试验结果；涡流检验程序；涡流检验最终结果；性能试验程序和结果记录；压力试验结果；液体渗透检验最终结果；重大缺陷修补记录。

非永久性记录：包装、收货和贮存程序；生产装备的标定程序；生产装备的标定记录；超声检验程序；成形和弯曲程序评定；磁粉检验程序；电气控制验证试验结果；焊接材料控制程序；焊接程序评定和数据报告；焊接人员资格考核；加工工艺和工序文件；检查和试验人员资格证书；检查、试验用仪表和工具的标定程序和记录；清洗程序；热处理程序；热处理记录；射线照相程序；铁素体材料试验程序；压力试验程序；液体渗透检验程序；质量保证监查报告；质量保证手册、程序、指令和说明书。

5. 安装施工记录

5.1 收货和贮存

永久性记录：不符合报告。

非永久性记录：收货、贮存和检查程序；卖方提交的质量保证报告；物项的收货检查报告；贮存物项的检查报告；盘存清单和发货记录。

5.2 土建

永久性记录：安全壳衬里及其附件的材料性能报告；安全壳抗压试验和泄漏率试验程序及结果；打桩记录；钢筋拼接操作人员资格考核报告；钢筋拼接套材料的材料性能报告；钢束安装核对表；钢筋束定期检查报告；钢筋束加工材料的材料性能报告；混凝土浇筑记录；混凝土设计配料报告；混凝土柱试验报告和图表；混凝土中钢预埋件的材料性能报告。结构钢和螺栓材料性能报告；金属安全壳及其附件的材料性能报告；通道压力试验检查报告；桩的加载试验报告。

非永久性记录：拌和用水的化学分析；分批搅拌设备操作报告；钢筋材料性能报告；钢桩材料性能报告；高强度螺栓扭矩试验报告；骨料试验报告。浇灌混凝土通知单；水泥定时取样报告；塌落度试验结果；土壤压实试验报告；用户所做的钢筋拉伸试验报告；用户所做的钢筋拼接件拉伸试验报告。

5.3 焊接

永久性记录：超声检验最终结果；磁粉检验最终结果；焊接程序；焊接填充，金属材料报告；热处理记录；射线照相检验最终结果；铁素体材料检验最终结果；液体渗透检验最终结果；重要焊缝修补程序和结果。

非永久性记录：超声检验程序；磁粉检验程序；焊缝位置图；焊接材料管理程序；焊

接程序评定和结果；焊接件装配报告；焊接人员资格考核；热处理程序；射线照相检验程序；铁素体材料检验程序；液体渗透检验程序。

5.4 机械

永久性记录：安全阀响应特性试验程序；安全阀响应特性试验结果；保温材料性能试验报告；编码数据和结果；材料性能记录；管道吊装和限位器数据；管道和配件材料性能报告；管道和配件位号的报告；机械部件的装配程序；润滑程序；系统核对文件（记录本或数据表）；已安装的吊装设备的程序、检查和试验数据。

非永久性记录：搅拌保温水泥用水的化学试验；清洗程序和结果；润清记录；设备安装、检查和对中的数据表或记录本；施工用吊装设备试验程序、检查和试验数据；水压试验程序和结果；用户对保温材料化学成分的试验（定时取样）。

5.5 电气、检测仪表及控制

永久性记录：电缆端接程序；电缆编接程序；电缆试验合格报告；继电器试验程序和结果；液体绝缘的电压击穿试验。

非永久性记录：安装后及系统有条件验收前的试验文件；安装前的试验报告；电缆敷设程序；电缆分隔校验表；现场工作质量校核清单或相当的记录本；仪表的标定结果。

5.6 总体

永久性记录：不符合项报告；技术条件和图纸；竣工图纸；最终检查报告和证书。

非永久性记录：测试设备以及仪表的标定程序和报告；检查和试验人员资格证书；现场检查报告；现场质量保证手册；专用工具标定记录。

6. 运行前和启动试验记录

永久性记录：变电站试验程序和结果；厂内应急电源通电程序和试验报告；厂外电源通电程序和试验报告；初始升温、热功能及降温程序和结果；电厂负荷阶跃变化数据；电厂负荷线性变化数据；电厂首次装料数据；电厂蓄电池和直流配电试验程序和报告；反应堆保护系统试验和结果；反应堆首次临界试验程序和结果；启动记录本；启动试验程序和结果；水化学报告；水压试验程序和结果；系统最终调整数据；一次和二次厂用电试验程序和结果；交流电系统和逆变器的试验程序和报告；运行前试验程序和结果；主辅电力变压器的试验程序和结果；自动应急电源的切换程序和结果。

非永久性记录：冲洗程序和结果；启动问题和解决办法；系统润滑油灌注程序。

7. 运行阶段活动记录

永久性记录：厂外环境的监测普查记录；电厂辐射和污染的普查记录；电厂核安全委员会和营运单位核安全审查组的会议记录；电厂全体人员和进入辐射控制区域的其他人员的受照记录；反应堆冷却剂系统在役检查记录；反映最终安全分析报告中所描述的系统和设备的记录和图纸变更；核电厂现职人员的资格、经历、培训和再培训记录；核电机组在各种功率水平下的正常运行记录，包括每一功率水平和运行时间设计在限定的瞬态或运行循环次数下安全运行的循环记录；运行阶段活动记录；向环境释放的液体和气体废物的放射性水平；新燃料和乏燃料的盘存、燃料转移和燃料组件的历史资料；异常事件记录。

非永久性记录：定期试验、检查和标定的质量保证监查报告；反应堆特殊试验或实验记录；放射性物质装运记录；运行规程的修改；主要的维修活动，包括与核安全有关的主要物项或设备的检查修理、置换或更新。

附录 3

核电站建设者岗前培训内容（节选）

1. 员工安全教育的意义和内容

安全教育培训工作是贯彻"安全第一、预防为主、综合治理"安全生产方针，实现安全生产和文明生产，提高员工安全意识和安全素质，防止产生不安全行为，减少人为失误的重要途径，是事故预防与控制的重要手段。

进行安全生产教育，首先要提高生产经营单位管理者及员工的安全生产责任感和自觉性，认真学习有关安全生产的法律、法规和安全生产基本知识；其次是普及和提高员工的安全技术知识，增强安全操作技能，强化安全意识，从而保护自己和他人的安全和健康。

1）开展安全教育的法律依据

党和国家十分重视安全教育工作。新中国成立至今，先后对安全教育工作作出了多次具体规定，颁布了多项法律、法规，明确提出要加强安全教育。

1954 年 8 月 11 日，劳动部在《进一步加强安全技术教育的决定》中指出：各厂矿、工地要确立一名主要领导负责；要建立经常性的安全教育制度；要制订切合实际的操作规程，并作为安全教育的主要内容；对新工人、从事新岗位工人、新操作方法工人进行安全教育，在考试合格后方准独立操作；对原有工人着重进行本岗位安全操作规程和其他有关的安全规程制度教育；对从事危险性工作者进行特殊安全操作训练后，始准操作；对管理人员进行政策法规等教育。在 1963 年 3 月 30 日，国务院发布《关于加强企业生产中安全工作的几项规定》；1995 年 11 月 8 日，劳动部颁布了《企业职工劳动安全卫生管理规定》的通知。

《中华人民共和国安全生产法》于 2002 年 6 月 29 日第九届全国人民代表大会常务委员会第二十八次会议通过，并于 2002 年 11 月 1 日起实施（注：2021 年 6 月 10 日，中华人民共和国第十三届全国人民代表大会常务委员会第二十九次会议于通过《全国人民代表大会常务委员会关于修改〈中华人民共和国安全生产法〉的决定》，自 2021 年 9 月 1 日起施行）。它是我国第一部全面规范安全生产的专门法律，是我国安全生产法律体系中的基本法律，是各类生产经营单位及其从业人员实现安全生产所必须遵循的行为准则，是各级人民政府及其有关部门进行监督管理和行政执法的法律依据，是制裁各种安全生产违法犯罪行为的有力武器。

《中华人民共和国安全生产法》（第三次修正版）对安全生产教育培训作出了明确规定。

第二十八条 生产经营单位应当对从业人员进行安全生产教育和培训，保证从业人员具备必要的安全生产知识，熟悉有关的安全生产规章制度和安全操作规程，掌握本岗位的安全操作技能。了解事故应急处理措施，自身在安全生产教育和培训。知悉自身在安全生产教育和培训未经安全生产教育和培训合格的从业人员，不得上岗作业。

第二十九条　生产经营单位采用新工艺、新技术、新材料或者使用新设备，必须了解、掌握其安全技术特性，采取有效的安全防护措施，并对从业人员进行专门的安全生产教育和培训。

第三十条　生产经营单位的特种作业人员必须按照国家有关规定经专门的安全作业培训，取得相应资格，方可上岗作业。特种作业人员的范围由国务院应急管理部门会同国务院有关部门确定。

第四十四条　生产经营单位应当教育和督促从业人员严格执行本单位的安全生产规章制度和安全操作规程；并向从业人员如实告知作业场所和工作岗位存在的危险因素、防范措施以及事故应急措施。

第五十八条　从业人员应当接受安全生产教育和培训，掌握本职工作所需的安全生产知识，提高安全生产技能，增强事故预防和应急处理能力。

2）开展安全教育的必要性

（1）安全教育是掌握各种安全知识、避免职业危害的主要途径。

生产中存在着各种不安全、不卫生的因素，有发生工伤事故和职业病的可能。人的不安全行为和物的不安全状态是酿成职业危害的主要原因。在构成职业危害的三要素人、机、环境中，人是最活跃的因素，同时又是操作机器、改变环境的主体。在职业危害统计分析中发现，人的不安全行为是构成职业危害的最主要原因（80%以上的事故都是因人的不安全行为造成的）。要使劳动者遵章守纪、就要通过教育，使广大企业经营者和职工明白一条最基本的道理：只有真正做到"安全第一，预防为主"，真正掌握基本的劳动安全卫生知识，遵章守纪，才能保证职工的安全与健康。

事故本身具有潜在性和隐藏性，在发生前难以察觉。因此，预测事故的可能性，预防事故的发生是安全管理的主要内容。这需要我们准确掌握已发生事故的时间、地点、原因等，拟订防止事故防范措施，并把这些材料作为安全教育的资料，普及、推广这些防范措施，避免事故的重复发生。因此安全教育可起到避免事故发生的积极作用。

（2）安全教育是企业发展经济的需要。

一些企业引进新设备、新技术和新工艺，新设备的复杂程度、自动化程度越来越高，以及新技术、新工艺的推广应用都对职工的安全素质、安全操作水平提出了更高的要求。现代生产条件下，生产的发展带来了新的安全问题，就要求相应的安全技术同时满足生产需要，而安全技术及相应知识的普及则需通过安全教育来进行。

（3）安全教育是适应企业人员结构变化的需要。

随着企业用工制度的改革，企业职工的构成日趋多样化、年轻化、合同工、临时工、农民工并存。临时工和农民工文化素质较低，缺乏必要的安全知识，安全意识淡薄，冒险蛮干现象严重；青年人思维方式、人生观、价值观等与老一辈工人有较大差异，他们思想活跃，兴趣广泛而不稳定，自我保护意识和应变能力较差，技术素质低、安全素质有所下降。因此，企业加强安全教育是一项长期而繁重的工作。

（4）安全教育是做好安全管理的基础性工作。

安全管理的五大基础工作是：宣传教育、法治建设、安全监察、不断改善劳动条件和安全科学研究。而宣传教育不仅是五大基础工作之一，而且是做好其他几项工作的基础和先决条件。因此，安全教育是安全管理工作的主要内容和基础性工作。

（5）安全教育是发展、弘扬企业安全文化的需要。

安全管理主要是人的管理，人的管理的最好方法是运用安全文化的潜移默化影响。使安全文化成为职工安全生产的思维框架、价值体系和行为准则，使人们在自觉自律中舒畅地按正确的方式行事，规范人们在生产中的安全行为。安全文化的发展主要依靠宣传、教育。

（6）安全教育是安全生产向广度和深度发展的需要。

安全教育是一项社会化、群众性的工作，仅靠安全部门的培训、教育是远远不够的，必须通过多层次、多形式方式综合利用各种新闻媒体、宣传工具和教育手段，进一步加大安全生产的宣传教育力度，提高安全文化水平，强化全民安全意识。

3）安全教育的内容

安全教育与培训的内容主要包括：安全生产思想教育，安全生产方针政策教育，安全技术和劳动卫生知识教育，典型经验和事故教训教育。

（1）安全生产思想教育。

安全生产思想教育包括安全生产意义、安全意识教育和劳动纪律教育。

（2）安全生产方针政策教育。

安全生产方针政策教育是指对企业的各级领导和全体职工进行党和政府有关安全生产的方针、政策、法规、制度的宣传教育。

（3）安全技术知识教育。

安全技术知识教育的内容主要包括：一般生产技术知识、一般安全技术知识和专业安全技术知识教育。

① 一般生产技术知识教育主要包括：企业基本生产概况，生产技术过程，作业方式或工艺流程，与生产技术过程和作业方法相适应的各种机械设备的功能、性能和有关知识，施工作业人员在生产中积累的生产操作技能和经验及产品的构造、性能、质量和规格。

② 一般安全技术知识教育是指企业所有职工都必须具备的安全技术知识，主要包括：各工种安全操作规程及行为守则，企业内危险设备的区域及其安全防护的基本知识和注意事项，有关施工用电、电气设备（动力及照明）的基本安全知识，起重机械和厂内运输的有关安全知识，生产中使用的有毒有害原材料或可能散发的有毒有害物质的安全防护基本知识，一般消防制度和规划，个人防护用品的正确使用以及伤亡事故报告等。

③ 专业安全技术知识教育是指某一作业的职工必须具备的专业安全技术知识，主要包括：安全技术知识，工业卫生技术知识，以及根据这些技术知识和经验制定的各种安全操作技术规程等的教育。其内容涉及锅炉、压力容器、起重机械、电气、焊接、防爆、防尘、防毒和噪声控制等。

4）典型经验和事故教训教育

典型经验和事故教训教育主要包括：安全生产工作的先进典型，安全管理良好实践及创新，安全事件/事故案例等。

5）各级管理人员的安全教育与培训

（1）一般管理人员的安全教育。

一般管理人员熟悉国家安全生产方针、政策、法规、制度及不执行上述内容应承担的责任；懂得一般安全技术、工业卫生知识，并能针对本单位情况提出改进措施；配合专兼职安全人员的管理工作；明确本岗位安全生产责任。

（2）职能部门、车间负责人、工程技术人员的安全教育。

职能部门、车间负责人、工程技术人员的安全教育一般有安全生产法律、法规及本部门、本岗位安全生产职责，安全技术、劳动卫生和安全文化知识，有关事故案例及事故应急处理措施等。

（3）生产岗位职工的安全教育。

生产岗位职工的安全教育一般有："三级安全教育"，特种作业人员教育，经常性安全教育，"四新""复工""调岗"安全教育等。

"三级安全教育"包括：新职工上岗前必须进行厂级（企业项目部级）安全教育。车间级（施工队级）安全教育，班组级（分队级）安全教育。

① 厂级安全教育为第一级安全教育，由项目部根据工程进展及人员入场情况统一进行，以进场培训与教育为主。按照教育与培训的对象确定教育培训内容，必要时可适当增加专项、专题教育。厂级安全教育内容包括：

A. 国家相关劳动保护安全生产的方针政策、法律、法规。

B. 公司安全管理规章制度、行为守则、劳动和施工纪律。

C. 通用安全技术；劳动卫生和安全文化基本知识；"四不伤害"原则。

D. 遵章守纪，反对违章指挥、违章操作、违反劳动纪律；安全生产责任制及其落实。

E. 作业场所和工作岗位存在的危（风）险因素、防范措施、事故应急措施，以及相关事故案例分析。

F. "三防""五防"等预案及应急处置。

G. 业主相关的工程管理程序和五星级评估标准等内容。

② 车间级安全教育为第二级安全教育，由队/厂进行，属于经常性教育范围。车间级安全教育内容包括：

A. 本队/厂安全生产形势；安全卫生状况和规章制度，主管生产、分队（车间）负责人、班组长的安全责任与义务。

B. 安全生产责任人员应承担的连带责任；施工生产特点，施工作业危险源辨识，场地管理及文明施工。

C. 主要危险、有害因素及注意事项，预防工伤事故和职业病的主要措施。

D. 典型事故案例，事故应急处理措施等内容。

③ 班组级安全教育为第三级安全教育，由施工队分队、班组进行，属于日常教育范围。班组级安全教育内容包括：

A. 遵章守纪，岗位安全操作规程，岗位间工作衔接配合的安全注意事项，作业前的危险源辨识及预防措施，典型事故案例，各工种的安全技术操作规程、安全、劳动纪律。

B. 施工现场应注意的事项。预防事故发生的措施；分队（班组）每两周至少召开一次班组长以上人员的安全生产会议。

C. 施工班组坚持每天的班前安全会议，并备有可查询或追溯的完整记录。

D. 常用的主要使用工机具、设备的性能、特点，使用的基本方法；劳动保护用品（用具）的使用与保管；爱护和保管生产工具（设备）和施工现场各种防护设施，安全标志。

E. 安全交底卡、班前会记录单的正确使用；作业现场可能存在的危（风）险因素、防范措施及事故应急措施等。

特种作业人员教育

按照 2015 年 5 月 29 日国家安全生产监督管理总局令第 80 号第二次修正的《特种作业人员安全技术培训考核管理规定》，加强对特种作业人员的管理。

从事特种作业的人员，必须经特殊安全基础教育和安全技术培训，并经国家认可的机构考试合格取得特种作业操作证后方可上岗作业。有关人事部门组织其按相关规定参加社会培训教育，具体办法按当地政府部门规定执行。离开特种作业岗位达 6 个月以上的特种作业人员，应当重新进行实际操作考核，经确认合格后方可上岗作业。

经常性安全教育

经常性安全教育由 HSE 管理室组织实施，包括班前班后会、安全活动月、安全会议、安全技术交流、安全水平考试、安全知识竞赛、安全演讲、张贴安全生产宣传画、标语等。

"五新""复工""调岗"安全教育

A. "五新"安全教育是指凡是采用新技术、新工艺、新材料、新设备、新产品时，必须事先提出具体的安全要求，由使用单位对从事该作业的工人进行安全技术知识教育。在未掌握基本性能、安全知识前不准操作。

B. "复工"安全教育是针对离开操作岗位较长时间的工人进行的安全教育。离岗一年以上重新上岗的工人，必须进行相应的车间级或班组级安全教育。

C. "调岗"安全教育是指工人在本车间临时调动工种或调至其他单位临时帮助工作的，由接收单位进行所承担工种的安全教育。

6）其他专项安全教育

（1）安全法治教育：由 HSE 管理室实施，对安全生产法律、法规的宣贯及培训。

（2）安全技术交底教育：由施工队/厂组织实施，采用多样化形式进行，例如：工具箱会议、班前会、及专题培训等。安全技术交底必须采用统一格式的交底卡。每天进行的班前会，必须使用统一格式的记录单。

（3）安全技能教育：由 HSE 管理室等责任部门协助各施工部门进行的必须具备的基本技能教育。安全技能教育应包括且不限于：应急处置、工作许可证、劳动保护及劳动保护用品正确使用、现场保卫与消防、出入证制度、交通安全、急救和防护、环境保护及污染预防、事故报告和事故调查处理等内容。

7）事故案例分析教育

由 HSE 管理室或各具有 HSE 人员配备的部门组织实施，对典型事故案例进行原因分析。重在吸取事故教训，落实施工安全的各项措施，杜绝事故的再次发生。

2. 安全管理基础概念

安全管理主要指劳动安全管理，是以安全为目的，进行有关决策、计划、组织和控制方面的活动。

安全管理：为贯彻执行国家安全生产的方针、政策、法律和法规，确保生产过程中的安全而采取的一系列组织措施。其任务是发现、分析和消除生产过程中的各种危险，防止发生事故和职业病，避免各种损失，保障员工的安全健康，从而推动企业生产的顺利发展，为提高经济效益和社会效益服务。

安全生产：在生产过程中消除或控制危险及其有害因素，保障人身安全健康、设备完好无损及生产顺利进行。

在安全生产中，消除危害人身安全和健康的因素，保障员工安全、健康、舒适地工作，称之为人身安全；消除损坏设备、产品等的危险因素，保证生产正常进行，称之为设备安全。安全生产就是使生产过程在符合安全要求的物质条件和工作秩序下进行，以防止人身伤亡和设备事故及各种危险的发生，从而保障劳动者的安全和健康，以促进劳动生产率的提高。

1）安全生产的三个内涵

（1）生产必须安全。

"生产必须安全，安全促进生产"科学地揭示了生产与安全的辩证关系，经实践证明这是一个正确的指导思想。在应用这一思想指导实践时，必须坚持"安全第一""管生产必须同时管安全"的原则。

"安全第一"原则是指当考虑生产的时候，应该把安全作为一个前提条件考虑进去，落实安全生产的各项措施，保证员工的安全和健康，保证生产持续和安全地进行；当生产和安全发生矛盾时，生产必须服从安全。

"管生产必须同时管安全"原则要求企业的各级管理者，特别是高层管理者要亲自抓安全工作，安全生产应该渗透到生产管理的各个环节，各级管理者必须坚持生产和安全"五同时"，即在计划、布置、检查、总结、评比生产的同时，计划、布置、检查、总结、评比安全工作。

（2）安全生产，人人有责。

安全生产是一项综合性的工作，必须坚持群众路线，贯彻作用"专业管理和群众管理相结合"的原则。在充分发挥专职安全技术人员和安全管理人员的同时，应充分调动和发挥全体员工的安全生产积极性，做到安全生产人人重视，个个自觉，提高警惕，互相监督，发现隐患，及时消除。

企业必须制定和执行各级安全生产责任制、有关的安全规章制度，并加强监督检查。

（3）安全生产，重在预防。

"凡事预则立，不预则废"，做任何工作都是如此。安全工作"重在预防"，变被动为主动，变事后处理为事前预防，把事故消灭在萌芽状态。

应狠抓安全生产基础工作，不断提高员工识别、判断、预防和处理事故的本领。例如：开展各种形式的安全教育，进行安全技术考核；组织安全检查，及时发现和消除不安全因素；掌握设备和环境变化的情况；分析以往发生的各类事故，找出发生事故的原因及其规律，以便主动采取预防事故重复发生的措施等。

2）安全生产方针

我国在总结安全生产管理经验的基础上，将"安全第一，预防为主，综合治理"规定为我国安全生产工作的基本方针。

"安全第一"，就是在生产经营活动中，在处理保证安全与生产经营活动的关系上，要始终把安全放在首要位置，优先考虑从业人员和其他人员的人身安全，实行"安全优先"的原则。在确保安全的前提下，努力实现生产的其他目标。

"预防为主"，就是按照系统化、科学化的管理思想，按照事故发生的规律和特点，千方百计预防事故的发生，做到防患于未然，将事故消灭在萌芽状态。

"综合治理"，就是标本兼治，重在治本，在采取断然措施遏制重特大事故，实现治标的同时，积极探索和实施治本之策，综合运用科技手段、法律手段、经济手段、行政手段、从发展规划、行业管理、安全投入、科技进步、经济政策、教育培训、安全立法、激励约束、企业管理、监管体制、社会监督以及追究事故责任、查处违纪等方面着手，做到思想认识上警钟长鸣，制度保证上严密有效，技术支撑上坚强有力，监督检查上严格细致，事故处理上严肃认真。

3）危险因素、有害因素和事故隐患

在生产过程中存在着各种与人的安全和健康息息相关的因素。其中，能对人造成伤亡或对物造成突发性损坏的因素称为危险因素；能影响人的身体健康，导致疾病，或对物造成慢性损坏的因素称为有害因素。

为了区别各种因素对人体不利作用的特点和效果，通常将生产过程中的有关因素分为危险因素（强调突发性和瞬间作用）和有害因素（强调在一定时间内的积累作用）。客观存在的危险、有害物质以及能量超过人体承受阈值的设备、设施和场所，都可能成为危险因素。

事故隐患泛指现存系统中可导致事故发生的物的危险状态、人的不安全行为及管理上的缺陷。通常，通过检查、分析可以发现和察觉它们的存在。事故隐患在本质上属于危险、有害因素的一部分。

事故：是指造成人员死亡、伤害、职业病、财产损失或其他损失的意外事件。是人们不希望发生的，同时违背人们的意愿的后果。

事件：导致或可能导致事故的情况。

（1）责任事故。

责任事故是指可以预见、抵御和避免，但由于人为因素，没有采取预防措施，而造成的事故。

（2）非责任事故。

非责任事故是指不可预见的自然灾害和科学技术还未被人们所认识造成的不可抵御的事故。

（3）直接责任者。

直接责任者即其行为与事故发生有直接责任的人员，如违章作业人员。

（4）主要责任者。

主要责任者即对事故发生负有主要责任的人员，如违章指挥者。

（5）领导责任者。

领导责任者即对事故发生负有领导责任的人员。

4）事故分类

国家标准《企业职工伤亡事故分类》（GB 6441-1986）按致害原因将事故类别分为20类，具体如下：

（1）物体打击；（2）车辆伤害；（3）机械伤害；（4）起重伤害；（5）触电；（6）淹溺；（7）灼烫；（8）火灾；（9）高处坠落；（10）坍塌；（11）冒顶片帮；（12）透水；（13）放炮；（14）火药爆炸；（15）瓦斯爆炸；（16）锅炉爆炸；（17）容器爆炸；（18）其他爆炸；（19）中毒和窒息；（20）其他伤害。

安全：泛指没有危险、不出事故的状态。安全生产指"不发生工伤事故、职业病、设备或财产损失"。生产系统中人员免遭不可承受危险的伤害。

危险：是指系统中存在导致发生不期望后果的可能性超过了人们的承受程度。注意危险度是由生产系统中事故发生的可能性和严重性决定的。

危害：可能造成人员伤亡、疾病、财产损失破坏的工作环境根源或状态。

危险源：是指可能导致人员伤亡或物质损失事故的、潜在的不安全因素。

重大危险源：长期地或临时地生产、搬运、使用或储存危险物品，且危险物品数量等于或超过临界量的单元（包括场所和设施）。

应急响应：预防和控制潜在的重大安全事故及紧急情况，明确可能出现的各类紧急情况下需采取的应急措施。快速、有序地组织开展抢险、救援工作，最大限度避免或减少潜在安全事故的发展以及对人员造成的伤亡和财产的损失。

工伤：也称职业伤害，是指劳动者（职工）在工作或者其他职业活动中因意外事故伤害或职业病造成的伤残和死亡。

工伤保险：又称职业伤害保险，是指劳动者由于工作原因并在工作过程中遭受意外伤害，或因职业危害因素引起职业病，由国家或社会给负伤者、致残者及死亡者的生前供养亲属提供必要的物质帮助的一种社会保险制度。我国《工伤保险条例》第2条明确规定：用人单位应当依照本条例规定，为本单位全部职工或者雇工（以下称职工）缴纳工伤保险费。

劳动保护：是指依靠科学技术和管理，采取技术措施和管理措施，消除生产过程中危及人身安全和健康的不良环境、不安全设备和设施、不安全环境、不安全场所和不安全行为，防止伤亡事故和职业危害，保障劳动者在生产过程中的安全与健康的总称。

5）特种作业

根据《特种作业人员安全技术考核管理规则》（GB 5306—1985）中规定：

特种作业：是指在劳动过程中容易发生伤亡事故，对操作者本人，尤其对他人和周围设施的安全有重大危害的作业。

特种作业人员：直接从事特种作业者，称特种作业人员。

《中华人民共和国安全生产法》（第三次修正版）第三十条规定：生产经营单位的特种作业人员必须按照国家有关规定经专门的安全作业培训，取得相应资格，方可上岗作业。

《特种作业人员安全技术培训考核管理规定》中定义3特种作业目录，主要包括

（1）电工作业。

（2）焊接与热切割作业。

（3）高处作业。

（4）制冷与空调作业。

（5）煤矿安全作业。

（6）金属非金属矿山安全作业。

（7）石油天然气安全作业。

（8）冶金（有色）生产安全作业。

（9）危险化学品安全作业。

（10）烟花爆竹安全作业。

（11）安全监管总局认定的其他作业。

6）施工现场"六大纪律"

（1）不该自己干的工作不做。

（2）不是自己作业范围的设备和工具不碰、不动。

（3）没有安全文件不作业。

（4）未经作业交底，不清楚工作内容、安全要求，不作业。

（5）不熟悉，未经授权操作的设备、工具不使用。

（6）个人防护（登高、攀爬安全带、绳）措施未确认安全不作业。

同时核电施工现场"三条铁律"的相关内容如附表2所示。

附表2　核电施工现场"三条铁律"

工作要求	切割、打磨作业	气割、焊接作业
上班时，好精神； 作业前，听交底； 施工中，禁违章	打磨前，镜戴好； 清理杂物加遮挡； 切割打磨勿用错	清理周边易燃物； 屏蔽遮挡飞溅物； 戴好目镜或面罩
高处作业	临时用电	射线探伤
2m以上必系带； 高挂低用须牢记； 上下传递不抛投	一机线路接头无裸露； 一闸一漏制； 故障排查找专人	放射源有借就有还； 检测仪器必不可少； 隔离控制区要建立
受限空间作业	起重作业	行车操作
密闭区，需办证； 监测氧气专人护； 安全电压不可超	拉警戒，设监护； 警戒区域禁人过； 机具索具需检查	行车操作需持证； 制动检查少不了； 异常情况须停车

7）员工安全生产权利和义务

《中华人民共和国安全生产法》第六条规定："生产经营单位的从业人员有依法获得安全生产保障的权利，并应当依法履行安全生产方面的义务。"

《中华人民共和国安全生产法》"第三章从业人员的安全生产权利义务"对从业人员的安全生产权利义务做了全面、明确规定，并且设定了严格的法律责任，为保障从业人员的合法权益提供了法律依据。

（1）员工安全生产的保障权利，可概括为5项。

① 获得安全保障、工伤保险和民事赔偿的权利。

《中华人民共和国安全生产法》明确赋予了从业人员享受工伤保险和获得伤亡赔偿的权利，同时规定了生产经营单位的相关义务。

第五十一条规定："生产经营单位必须依法参加工伤社会保险，为从业人员缴纳保险费。"

第五十二条规定："生产经营单位与从业人员订立的劳动合同，应当载明有关保障从业人员劳动安全、防止职业危害的事项，以及依法为从业人员办理工伤保险的事项。生产经营单位不得以任何形式与从业人员订立协议，免除或者减轻其对从业人员因生产安全事故伤亡依法应承担的责任。"

第五十六条规定："因生产安全事故受到损害的从业人员，除依法享有工伤保险外，依照有关民事法律尚有获得赔偿的权利的，有权向本单位提出赔偿要求。"

中华人民共和国安全生产法》明确了下列4个问题：

A. 从业人员依法享有工伤保险和伤亡求偿的权利。

B. 依法为从业人员缴纳工伤社会保险费和给予民事赔偿，是生产经营单位的法律义务。

C. 发生生产安全事故后，从业人员首先依照劳动合同和工伤社会保险合同的约定，享受相应的补偿金。

D. 从业人员获得工伤社会保险补偿和民事赔偿的金额标准、领取和支付程序，必须符合法律、法规和国家的有关规定。

② 得知危险因素、防范措施和事故应急措施的权利。

《中华人民共和国安全生产法》规定，生产经营单位从业人员有权了解其作业场所和工作岗位存在的危险因素及事故应急措施。要保证从业人员这项权利的行使，生产经营单位就有义务事前告知有关危险因素和事故应急措施。

《中华人民共和国安全生产法》第五十三条规定："生产经营单位的从业人员有权了解其作业场所和工作岗位存在的危险因素、防范措施及事故应急措施，有权对本单位的安全生产工作提出建议。"

③ 对本单位安全生产的建议、批评、检举和控告的权利。

从业人员是生产经营单位的主人，对单位安全生产情况尤其是安全管理中的问题和事故隐患最了解、最熟悉，具有他人不能替代的作用。只有依靠从业人员并且赋予必要的安全生产监督权和自我保护权，才能做到预防为主，防患于未然。

④ 拒绝违章指挥和强令冒险作业的权利。

在生产经营活动中出现企业负责人或者管理人员违章指挥和强令从业人员冒险作业的现象，由此导致事故，造成大量人员伤亡。因此，法律赋予从业人员拒绝违章指挥和强令冒险作业的权利，不仅是为了保护从业人员的人身安全，也是为了警示生产经营单位负责人和管理人员必须照章指挥，保证安全，并不得因从业人员拒绝违章指挥和强令冒险作业而对其进行打击报复。

《中华人民共和国安全生产法》第五十四条规定："从业人员有权对本单位安全生产工作中存在的问题提出批评、检举、控告；有权拒绝违章指挥和强令冒险作业。生产经营单位不得因从业人员对本单位安全生产工作提出批评、检举、控告或者拒绝违章指挥、强令冒险作业而降低其工资、福利等待遇或者解除与其订立的劳动合同。"

⑤ 紧急情况下的停止作业和紧急撤离的权利。

由于生产经营场所存在不可避免的自然和人为的危险因素，这些因素将会或者可能会对从业人员造成人身伤害，比如当出现坠落、倒塌、爆炸等紧急情况并且无法避免时，法律赋予从业人员享有停止作业和紧急撤离的权利。

《中华人民共和国安全生产法》第五十五条规定："从业人员发现直接危及人身安全的紧急情况时，有权停止作业或者在采取可能的应急措施后撤离作业场所。生产经营单位不得因从业人员在前款紧急情况下停止作业或者采取紧急撤离措施而降低其工资、福利等待遇或者解除与其订立的劳动合同。"

（2）员工安全生产义务，可概括为4项。

《中华人民共和国安全生产法》不但赋予了从业人员安全生产权利，也设定了相应的法定义务，作为法律关系内容的权利和义务是对等的。没有无权利的义务，也没有无义务的权利。从业人员依法享有权利，同时必须承担相应的法律义务。

① 遵章守规、服从管理的义务。

《中华人民共和国安全生产法》第五十七条规定："从业人员在作业过程中，应当严格落实岗位安全责任，遵守本单位的安全生产规章制度和操作规程，服从管理，正确佩戴和使用劳动防护用品。"

根据中华人民共和国安全生产法》和其他有关法律、法规和规章的规定，生产经营单位必须制定本单位安全生产的规章制度和操作规程。从业人员必须严格依照规章制度和操作规程进行生产经营作业。安全生产规章制度和操作规程是从业人员从事生产经营，确保安全的具体规范和依据，遵守规章制度和操作规程，实际上就是依法进行安全生产。事实表明，从业人员违反规章制度和操作规程，是导致生产安全事故的主要原因。生产经营单位的负责人和管理人有权依照规章制度和操作规程进行安全管理，监督检查从业人员遵章守规的情况。对这些安全生产管理措施，从业人员必须接受并服从管理。

② 正确佩戴和使用劳动防护用品的义务。

按照法律、法规的规定，为保障人身安全，生产经营单位必须为从业人员提供必要的、安全的劳动防护用品，以避免或者减轻作业和事故中的人身伤害。但实践中由于一些从业人员缺乏安全知识，认为佩戴和使用劳动防护用品没有必要，往往不按规定佩戴或者不能正确佩戴和使用劳动防护用品，由此引发人身伤害的案例时有发生，造成不必要的伤亡。因此，正确佩戴和使用劳动防护用品是从业人员必须履行的法定义务，这是保障从业人员人身安全和生产经营单位安全生产的需要。

③ 接受安全培训，掌握安全生产技能的义务。

《中华人民共和国安全生产法》第五十八条规定："从业人员应当接受安全生产教育和培训，掌握本职工作所需的安全生产知识，提高安全生产技能，增强事故预防和应急处理能力。"

不同行业、不同生产经营单位、不同工作岗位和不同的生产经营设施、设备具有不同的安全技术特性和要求。从业人员的安全意识和安全技能的高低，直接关系到生产经营活动的安全可靠性。要适应生产经营活动对安全生产技术知识和能力的需要，必须对新招聘、转岗的从业人员进行专门的安全生产教育和业务培训，这对提高生产经营单位从业人员的安全意识、安全技能，预防、减少事故和人员伤亡，具有积极意义。

④ 发现事故隐患或者其他不安全因素及时报告的义务。

从业人员直接进行生产经营活动，是事故隐患和不安全因素的第一当事人。许多安全生产事故是由于从业人员在作业现场发现事故隐患和不安全因素后没有及时报告，以致延误了采取措施进行紧急处理的时机而导致的。如果从业人员尽职尽责，及时发现并报告事故隐患和不安全因素，并及时有效地处理，完全可以避免事故的发生和降低事故的损失。发现事故隐患并及时报告是贯彻预防为主的方针，加强事前防范的重要措施。

为此，《中华人民共和国安全生产法》第五十九条规定："从业人员发现事故隐患或者其他不安全因素，应当立即向现场安全生产管理人员或者本单位负责人报告；接到报告的人员应当及时予以处理。"

《中华人民共和国安全生产法》第一次明确规定了从业人员安全生产的法定义务和责任，具有重要的意义：

第一，安全生产是从业人员最基本的义务和不容推卸的责任，从业人员必须具有高度的法律意识。

第二，安全生产是从业人员的天职。安全生产义务是所有从业人员进行生产经营活动必须遵守的行为规则。从业人员必须尽职尽责，严格照章办事，不得违章违规。

第三，从业人员如不履行法定义务，必须承担相应的法律责任。

第四，安全生产义务的设定，可为事故处理及其从业人员责任追究提供明确的法律依据。

3. 安全管理奖惩制度

1）目的

为加强项目部安全生产管理，贯彻国家、行业主管部门有关安全法律、法规和文件精神，全面落实安全生产责任制，防止和减少事故发生，保障职工的生命和财产安全，促进项目部发展，项目部对在安全生产管理工作中成绩突出的单位和个人予以奖励，对违反有关安全生产法律、法规、标准及规定的单位和个人予以处罚，对事故有关责任人员予以追究。

中华人民共和国安全生产法》第一百零七条规定：生产经营单位的从业人员不落实岗位安全责任，不服从管理，违反安全生产规章制度或者操作规程的，由生产经营单位给予批评教育，依照有关规章制度给予处分；构成犯罪的，依照刑法有关规定追究刑事责任。

依据国家的法律法规和企业的《安全生产奖惩制度》，项目部制定了《安全生产奖惩管理程序》，为贯彻公司"增强责任心，提升执行力"的决策，落实"谁主管谁负责""管生产必须管安全"的管理责任，推动企业安全文化建设，全面提高员工安全防范意识和素质，熟练掌握安全技能，以保护员工个人与企业的根本利益，维护正常的施工生产、工作秩序，全面消除或降低事故发生的几率。

2）奖励原则

（1）在安全管理工作及安全生产过程中作出突出贡献的个人，发现重大事故隐患，为避免恶性事故的发生作出突出贡献者，主动参与事故抢险，降低事故损失的个人；协助现场治安、保卫人员抓获重要设备、器材盗窃犯的。

（2）全年无死亡、重伤事故，事故严重伤害率不超标、无重大机械责任事故、无重大消防安全事故，各项安全管理全面达标，并且全面做到以下几点，公司予以项目负责人重奖励：

① 认真贯彻落实安全生产方针、政策和国家有关安全生产的法律、法规、标准、制度及上级文件精神。

② 领导重视安全生产工作，关心、支持安全管理部门的工作，建立健全安全生产管理机构及安全生产保证体系，并有效运行。

③ 对在生产中发现的重大事故隐患及时采取措施加以整改和预防，发现重大违章操作及时制止的。

④ 安全生产责任制、安全教育、特种作业、安全技术等各项安全生产管理制度健全，责任明确，并逐级落实到位。

⑤ 合理投入 HSE 资源，特别是安全资源，满足安全生产需要，在资源合理投入的同时，注重安全经济成本效益，且取得显著业绩的。

⑥ 安全生产管理台账齐全，记录准确的。

⑦ 在安全教育培训中，工作有特色、成绩突出的。

⑧ 在班组安全建设、班组安全活动中成绩突出的。

3）处罚原则

各项目有下列行为之一的，责令限期整改，并视情节轻重，对所在项目的有关责任人员按《安全生产责任书》中相关条款执行，构成犯罪的，由司法机关依法追究其法律责任。

（1）对安全责任事故隐瞒不报、故意破坏事故现场、拒绝、阻碍、干涉事故调查或在事故调查中玩忽职守、徇私舞弊、打击报复、嫁祸他人的。

（2）未按规定对从业人员进行三级安全生产教育和培训，教育、培训及安全活动工作存在死角的。

（3）单位所辖管的特种作业人员，未经专门的特殊安全培训无证上岗作业的，或持有过期的特种作业操作证，或超出授权范围，导致安全事故的。

（4）未按照有关规定定期组织安全生产检查，并将检查结果上报主管部门，或对重大事故隐患未及时发现，致使隐患长期得不到改正的。

（5）阻挠安全生产监督检查，或对已发现的重大隐患不采取措施的。

（6）非专业资质队伍实施对大型机械设备拆除安装作业的，或对已投入使用的重大设备、设施未取得专业资质机构的检测合格的，以及其他安全防护设备、设施未经检查、验收或验收不合格的，投入使用的。

（7）使用国家明令淘汰、禁止使用的危及生命安全是工艺、设备、设施的或对安全设备、设施未进行经常性维护、保养和定期检测的。

（8）未向从业人员提供符合国家标准或行业标准的劳动防护用品，或使用未经检测、检验不合格的安全防护用品和机具设备的。

（9）未在有较大危险因素的生产经营场所和有关设备、设施上设置明显的安全警示标志的。

（10）存储、使用易燃易爆和有毒危险物品，未采取可靠安全措施的。

（11）对重大危险源未登记建档，或未进行评估，安全技术资料严重缺项的。

（12）起重吊装、脚手架搭设拆除等高风险作业，未编制专项施工控制方案，或未安排专职安全人员进行现场安全监督管理的。

4）事故处罚

根据谁主管谁负责、谁的问题谁承担的原则，对发生违章违纪造成事故的，按以下原则予以处罚：

（1）对轻伤事故的直接责任者处罚1000元，且不低于1000元。

（2）对轻伤事故的直接领导责任者罚款500元。

（3）对重伤事故的主要责任者罚款5000元，且不低于5000元。

（4）对重伤事故的次要责任者，根据对事故的责任大小、情节轻重予以处罚。

（5）对死亡事故按事故调查组相关意见对责任者进行处罚，对发生死亡责任事故的所在项目予以20万元的罚款。

（6）对发生重大责任事故的所在项目予以罚款，处罚金额为10万元；

（7）造成事故严重后果，依法应当给予行政处罚的，依照相关法律、法规予以处罚；构成犯罪的，依法追究刑事责任。

（8）员工个人的罚款，由HSE管理室出具《违章罚款通知单》，并发出《HSE处罚通知》或处理决定；罚款交到项目部财务部，财务根据项目部相关制度办理收款手续。

（9）对临建施工单位的罚款，由HSE管理室出具《违章罚款通知单》，并发出正式的工程信函予以通知；罚款交到项目部财务部，财务根据项目部相关制度办理收款手续，或者在支付其进度款中予以扣除。

4. 正确使用和佩戴劳动防护用品

正确使用和佩戴劳动防护用品包括（1）安全帽；（2）工作服；（3）防护眼镜和面罩；（4）防尘防毒保护用品；（5）耳塞、耳罩；（6）防护手套；（7）安全鞋；（8）安全带。

建筑施工"三宝"，请牢记：安全帽、安全带、安全网！

凡进入施工区域，所有员工必须：穿戴好安全帽、工作服、劳保鞋！

1）安全帽

（1）安全帽的防护作用。

① 防止物体打击伤害。

② 防止高处坠落伤害头部。

③ 防止机械性损伤。

④ 防止污染毛发伤害。

（2）安全帽使用注意事项。

① 将下颏带的扣子系牢，以防帽子滑落与碰掉。

② 热塑性安全帽可用清水冲洗，不得用热水浸泡，不能放在暖气片、火炉上烘烤，以防帽体变形。

③ 安全帽使用超过规定限值，或者受过较严重的冲击后，虽然肉眼看不到裂纹，也应予以更换。一般塑料安全帽使用期限为30个月。

④ 佩戴安全帽前，应检查各配件有无损坏，装配是否牢固，帽衬调节部分是否卡紧，

绳带是否系紧等，确信各部件完好后方可使用。

（3）违规现象。

佩戴破损的安全帽，不能起到安全防护的作用。严禁坐在安全帽上。

2）工作服

进入施工区域必须按要求穿好劳保服装并且按要求着装整齐。要把纽扣系好，袖口扎紧。

3）防护眼镜和面罩

（1）防止异物进入眼睛。

（2）防止化学性物品的伤害。

（3）防止强光、紫外线和红外线的伤害。

（4）防止微波、激光和电离辐射的伤害。

4）防尘防毒保护用品

（1）防止生产性粉尘的危害。由于固体物质的粉碎、筛选等作业会产生粉尘，这些粉尘进入肺组织可引起肺组织的纤维化病变，也就是尘肺病。使用防尘防毒用品将会防止、减少尘肺病的发生。

（2）防止生产过程中有害化学物质的伤害。生产过程中的毒物如一氧化碳、苯等侵入人体会引起职业性中毒。使用防尘防毒用品将会防止、减少职业性中毒的发生。

5）耳塞、耳罩

（1）防止机械噪声的危害。由机械的撞击、摩擦、固体的振动和转动而产生的噪声。

（2）防止空气动力噪声的危害。如通风机、空气压缩机等产生的噪声。

（3）防止电磁噪声的危害。如发电机、变压器发出的声音。

6）防护手套

（1）防止火与高温、低温的伤害。

（2）防止电磁与电离辐射的伤害。

（3）防止电、化学物质的伤害。

（4）防止撞击、切割、擦伤、微生物侵害以及感染。

7）安全鞋

防止物体砸伤或刺割伤害。如高处坠落物品及铁钉、锐利的物品散落在地面，这样就可能引起砸伤或刺伤。

8）安全带

（1）安全带使用注意事项。

① 安全带的作用：预防高处作业人员从高处坠落。

② 在使用安全带时，应检查安全带的部件是否完整，有无损伤，金属配件的各种环不得是焊接件，边缘光滑，产品上应有"安鉴证"。

③ 悬挂安全带要高挂低用。

（2）不安全现象。

在施工现场作业时必须使用双挂安全带，严禁使用单挂安全带。在佩戴和使用劳动防护用品中，要防止发生以下情况：

① 从事高空作业的人员，不系好安全带发生坠落。

② 从事电工作业（或手持电动工具）发生触电。

③ 在车间或工地不按要求穿工作服，穿裙子或休闲衣服；或虽穿工作服但穿着不整，敞着前襟，不系袖口等，造成机械缠绕。

④ 长发不盘入工作帽中，造成长发被机械卷入。

⑤ 不正确戴手套。有的该戴不戴，造成手的烫伤、刺破等伤害。有的不该戴而戴，造成卷住手套并将手卷进去，甚至连胳膊也带进去的伤害事故。

⑥ 不及时佩戴适当的护目镜和面罩，使面部和眼睛受到飞溅物伤害或灼伤，或受强光刺激，造成视力伤害。

⑦ 不正确戴安全帽。当发生物体坠落或头部受撞击时，造成伤害事故。

⑧ 在工作场所不按规定穿用劳保皮鞋，造成脚部伤害。

⑨ 不能正确选择和使用各类口罩、面具，不会熟练使用防毒护品，造成中毒伤害。

⑩ 在其他需要进行防护的场所，如噪声、振动、辐射等，也要正确佩戴和使用劳动防护用品，从而保护自己的人身安全和健康。

5. 安全色、安全线和安全标志

1）安全色

（1）《安全色》（GB 2893—2008）规定四种安全色：红、黄、蓝、绿。

① 红色传递禁止、停止、危险或提示消防设备、设施的信息；

② 蓝色传递必须遵守规定的指令性信息；

③ 黄色传递警告的信息；

④ 绿色传递安全的提示性信息。

（2）有关对比色的知识

《安全色》（GB 2893—2008）规定：

① 对比色有黑白两种颜色，安全色为黄色的对比色为黑色。红、蓝、绿安全色的对比色均为白色。而黑、白两色互为对比色。

② 黑色用于安全标志的文字、图形符号和警告标志的几何边框。白色用于安全标志中红、蓝、绿的背景色，也可用于安全标志的文字和图形符号。

2）安全线

工矿企业中用以划分安全区域与危险区域的分界线。厂房内安全通道的标示线，铁路站台上的安全线都是属于此列。根据国家有关规定，安全线用白色，宽度不小于 60 mm。在生产过程中，有了安全线的标示，就能区分安全区域和危险区域，有利于对危险区域的认识和判断。

3）安全标志

根据《安全标志及其使用导则》（GB 2894—2008）的相关规定：

（1）禁止标志的含义是禁止人们不安全行为的图形标志。其基本型式为带斜杠的圆形框。圆环和斜杠为红色，图形符号为黑色，衬底为白色。

（2）警告标志的含义是提醒人们对周围环境引起注意，以避免可能发生危险的图形标志。其基本型式是正三角形边框。三角形边框及图形为黑色，衬底为黄色。

（3）指令标志的含义是强制人们必须做出某种动作或采用防范措施的图形标志。其基本型式是圆形边框。图形符号为白色，衬底为蓝色。

（4）提示标志的含义是向人们提供某种信息的图形标志。其基本型式是正方形边框。图形符号为白色，衬底为绿色。

6. 职业健康管理

1）根据国家法律法规规定，及我公司的实际工作要求，录用的员工必须年满18周岁，被录用人员不得隐瞒实际年龄。否则，将予以辞退，并追究相应人员责任。

说明：只有年满18周岁的人，从生理、心理上才能适应一般体力劳动。

2）公司为作业人员配备了合格的劳动防护用品，作业人员必须正确佩戴。

切记：个人劳动防护用品是你最后一道安全屏障。

3）建议：员工在每天工作中饮用500 ml左右的水；夏季，每天饮水量应不少于7杯左右（正常饮水杯250 ml）。维持身体每天所需水分，保持良好的身体状况，才能安全地作业。

4）公司规定，凡具有以下职业禁忌症的作业人员不得从事相应工作；或经医院检查确诊出以下疾病，应立即向作业负责人或现场HSE人员报告。

（1）电工作业：心血管疾病、癫痫或晕厥史、色盲、高血压。

（2）高处作业：心血管病症、癫痫或晕厥史、肢体肌肉骨骼病。

（3）压力容器作业：癫痫、色盲、明显听力减退。

（4）高温作业：高血压、心脏疾病、心率增快（三次以上心率≥120次/分的病史）、糖尿病、甲状腺机能亢进、严重的大面积皮肤病。

（5）噪声作业：高血压、心脏病、心脏疾患、严重神经衰弱、神经精神疾患、内分泌疾患；

（6）粉尘作业：慢性肺部疾病、活动性肺结核、严重的慢性上呼吸道或支气管疾病。

5）公司为员工提供良好的生活居住、饮食环境。每一位员工应该做到：

（1）保证宿舍的清洁卫生。

（2）保持良好的作息习惯。

（3）养成合理的饮食习惯。

（4）饭前便后要洗手。

（5）工作时间禁止饮酒。

（6）尽量少吸烟。

（7）养成良好的生活习惯，可以预防和减少疾病；对我们的身体来说，疾病是可以消除的危险因素。

7. 员工安全素质

（1）自我保护意识：作业前，确认工机具、作业区域、作业活动是否存在安全风险，如发现立即报告施工负责人，同时采取防范措施。

（2）遵守核岛安装工程施工中的一切管理规定和安全施工行为准则。违章作业是一切事故的源泉。

（3）上班时保持良好的精神状态，工作中注意力要集中。

（4）文明施工，现场作业应做到理性、文明。

禁止酒后进入现场工作；禁止在现场随地大小便；禁止随地吐痰、乱丢杂物；禁止在工作现场吃零食；禁止在作业现场吵闹、打架斗殴；禁止破坏现场设施、设备；禁止在非吸烟点吸烟。

（5）良好的工作沟通和交流意识，确保在核岛安装工程建设中拥有一个安全的施工氛围。良好的沟通和交流：定期例会、班组会、专题培训、工作汇报、个人谈话及公司OA网。

为了您的家人和核电站的顺利施工，请做到"四不伤害"：不伤害自己；不伤害别人；不被别人伤害；保护别人不受伤害。

附录 4

核电站建设部分工种安全技术操作规程

核电站是一项高风险的工业生产事业，为确保核电站运行安全，保护人民群众身体健康和财产安全，维护国家安全和社会稳定，针对核电站所有生产经营活动（如核电建设、核电运行、维护和关闭等），参考《建筑安装工人安全技术操作规程》（国家建筑工程总局（80）建工劳字第 24 号）相关内容，制订核电站安全规程。现针对核电建设节选部分工种安全技术操作规程，以供了解。

实施目的：

通过规定各工种安全技术操作规程，强化各工种人员安全操作技能和安全意识，指导各工种人员按照本岗位安全技术操作规程进行安全作业，杜绝违章指挥和违章作业。

适用范围：

本规程适用于核电建设所属单位核岛安装工程的相关施工活动。

1. 各种作业安全技术通则

1.1 参加施工（生产）的工人（包括实习生、代培人员和民工），都要熟悉各自工种的安全技术操作规程。

1.2 电工、电气焊工、起重工、厂内各种机动车辆驾驶司机、吊车工，必须经过专业和安全技术培训、考试合格，经过劳动部门认定并发给安全技术操作证后方可准予上岗。

1.3 正确使用个人防护用品和安全防护设施。进入现场（车间），必须穿戴好个人安全防护用品，禁止穿拖鞋、高跟鞋和赤脚。高处作业必须系好安全带，有危险的出入口、作业临边要有防护栏杆或其他安全隔离防护设施。

1.4 施工（生产）现场（车间）的脚手架、防护设施、安全标志和警告牌，不得擅自拆除和移动。

1.5 施工现场的孔洞、坑池、地沟、电梯口、临边等危险处应有防护设施和明显标志。现场材料的堆放要稳固，同时禁止靠近有坠落风险的地方，以防发生安全事故。

1.6 在进入密闭空间作业前，必须测试氧气含量，氧气含量大于 19% 方可进入施工，否则严禁进入施工。施工过程中定时测试氧气含量，设置专人旁站监护。

1.7 禁止开动和触动与自己工作无关的设施、设备。严禁在起吊物下面停留和通过。

1.8 工作中要严肃安全纪律，不发生违章指挥和违章作业行为。

1.9 操作电气设施和设备的人员，必须持有特种作业人员安全上岗操作证，电工作业必须有 2 人以上在现场方可作业。

1.10 电气开关箱要加强管理，必须上锁，具有防雨、防潮措施，并设置信息牌和专人管理。

1.11 因施工需要，携带的手把灯要根据施工场地的具体情况选择安全电压。如果在潮湿、狭窄地方或者在金属容器内作业，必须使用 12 V 或者 6 V 的安全电压。

1.12　使用易燃、易爆材料（如汽油、酒精、天那水、油漆类、乙炔瓶等），要远离动火源，做好安全防范措施，防止发生火灾或其他意外事故。

1.13　工作完毕或下班时，所用的火源全部熄灭，切断电源，方可离开现场。

1.14　每人都要了解现场安全防火常识和灭火知识。

1.15　高处作业要定期体检，不适合高处作业者，禁止登高作业。

1.16　高处作业所用材料，要堆放牢固、捆绑好。工具要随手放入工具袋内，禁止上下抛掷，要稳妥的上下传递。

1.17　露天作业如遇六级以上的大风或大雨、大雾、雷电天气时，禁止高处作业。

1.18　梯子要稳固，不得垫高使用。使用时上端要捆绑牢靠，下端应采取防滑措施。单面梯子与地面夹角以 60°左右为宜。禁止 2 人及以上同时在梯子上作业。在使用梯子时，必须有人扶梯监护。

1.19　安全管理人员在检查中，如发现有违章指挥、违章作业行为，要立即制止或停工。

1.20　发生安全事故责任单位，必须立即向主管领导报告和向安全管理部门报告，协助调查事故发生的原因，按照"四不放过"的原则进行处理安全事故，并制定安全防范措施。

1.21　上班前禁止喝酒。

1.22　对违反安全纪律和造成严重后果的，将按照公司相关管理规定视其情节轻重予以处理。

2. 机床工（车、铣、刨、磨、冲床等）安全技术操作规程

2.1　机床必须有专人负责操作和管理，他人不得擅自使用。

2.2　工作前必须将工作服扣好，衣袖扎紧，方可进行工作。

2.3　在操作带有旋转的机床和其他机械设备时，禁止戴手套。

2.4　工作前应检查各部件有无松动，机床工作前先进行试车运转，确认运转正常时，方可进行工作。

2.5　机床上各种安全防护设施不准随意移动，并应随时检查有无松动和损坏，必须处于完全良好的状态下，方可开车操作。

2.6　进行偏心物件加工时，应使卡盘中心平衡，并加平衡铁。

2.7　靠近机床转动部分，不准放置扳手、卡钳等工具，以防止发生意外。

2.8　机床在两人以上同时操作时，要保持密切配合工作。

2.9　电气设备发生故障时，应立即停电并通知维修电工进行修理，不可擅自处理，以免发生触电事故。

2.10　机床在进行检修时，必须事先将机床电源开关关闭并上锁，悬挂用电安全警告牌，必要时设置专人监护，方可进行检修。

2.11　变换速比操作时，必须停车进行。

2.12　应急停电停车时，应迅速将车刀退下。

2.13　切削韧性金属应事先采取安全措施。高速切削或切削铸铁件时如有大量铁渣飞溅，则应设置保护板或防护网。操作者必须戴防护镜，以防止铁渣伤害眼睛。

2.14　工作中如发现不正常现象，应立即停车检查。

2.15　自动、半自动车床作业中，严禁用锉刀、刮刀纱布等光磨工件。

2.16　工作中必须聚精会神，防止人身、设备事故。

2.17　操作冲床时，双手必须与冲模保持适当的安全距离。

2.18　装卸模具或操作中需校正工件或夹具，应事先关闭总电源。

2.19　刨床工作过程中，不准把头附在刀架行程内，不准正面注视工作物的切削面，以防铁渣飞溅伤人。

2.20　工作完毕后必须将电源开关关闭并上锁，退出刀具，将操作手柄放在空挡位置并擦干净保存。

3. 钳工安全技术操作规程

3.1　工作前，必须仔细检查将要使用的工机具是否处于良好状态。使用工机具时禁止超过工机具（如滑车、千斤顶、链式起重机等）的负荷量。工具应注意妥善存放，不得乱扔乱放，以免发生意外事故。

3.2　如发现所使用的工机具存在缺陷，必须在消除缺陷后才能进行工作。

3.3　安装机器设备时需要起重工的配合，必须服从起重指挥人员的统一指挥，不可擅自作业，避免发生意外事件。

3.4　设备在安装过程中，必须将其附属零件全部安装牢固，以免在安装过程中零件松动坠落伤人。

3.5　进行设备除锈时如使用酒精、丙酮等易燃物品，应远离火源，禁止在工作场所附近焊接或其他动火作业，以防止发生火灾事故。在容器中使用酒精、丙酮等除锈时，除应有良好通风外，还应测试氧气含量并设置专人监护。使用易燃物品时必须配带灭火器材。

3.6　在清洗和修理设备之前，必须将电源关闭，并在电源处挂安全警告牌。

3.7　在擦洗设备底部时，将设备垫起，所使用的支撑物应牢固，防止倾斜伤人。

3.8　在对设备攀车时，做好人身安全保护措施，以免造成人身伤害事故。

3.9　使用电动工机具，其金属外壳必须装设保护性接地或接零线。如果在使用中发现有漏电或电线破皮现象，禁止使用该工机具，并通知电工进行处理。

3.10　使用电动工机具时，遇有停电、停止工作或离开现场时，必须关闭电源。

3.11　禁止使用不平整带有毛刺的榔头以及带有残缺的刀口，以免作业中伤人。

4. 铆工安全技术操作规程

4.1　构件摆放及拼装作业中，必须将构件卡牢。移动、翻转时撬杠支点要垫稳，滚动时前方不准站人。

4.2　组装大型构件和连接螺栓时必须牢固，点焊部位必须焊牢，圆筒形工件应固定垫好。

4.3 滚动台两侧滚轮应保持水平，拼装体中心垂线与滚轮中心夹角不得小于35°，工作转动线速度不得超过3 m/s。

4.4 在滚动（转胎）上拼装容器（塔、罐），采用卷扬机牵引时，钢丝绳必须沿容器表面由底部引出，并在相反方向设置保险牵引绳，防止容器脱落。

4.5 大锤的木把应安装牢固，锤头、凿子、扁铲等有裂纹或缺口不得使用，顶端有卷边、毛刺应磨去。

4.6 打锤作业时精力集中，注意工作物件的状态及变化，按照指挥者或操作规范的要求掌握好锤击力的大小。打锤时严禁戴手套，二人以上同时打锤不得对站，掌平锤，头部要避开，要用工具指示锤击部位。

4.7 在抬搬、校正构件或卷板管时要戴好防护手套，并由专人负责指挥，做到工作配合，防止伤人。

4.8 风铲风管接头、阀门等应完好，铲头有裂纹禁止使用。操作中及时清理毛刺，铲头前方不准站人，更换铲头、枪口必须朝地，禁止面对风枪口。

4.9 操作台必须接地良好，接地电阻不大于10 Ω。

4.10 卷板展开时，拉伸索具必须牢固，展开方向两侧及板上不准站人，松索或切板时严防钢板回弹。

4.11 气顶法施工应用校验合格的仪表，罐体升至预定高度，应沿罐壁均匀点焊牢固。平衡装置的钢丝绳要拉紧，中部死点应卡牢，不准左右滑动。

4.12 气顶法施工，每节壁板顶升前，应校验限位螺杆，保证限位高度。顶升时，倒链或花篮螺栓松紧要一致，防止移动侧倒。遇有停车事故，应立即关闭进风调节挡板，使气罐缓慢下降。

4.13 各种容器的水压试验，要有校验合格的压力表，严禁超压。充水时，先打开顶部放空阀，要缓慢升压，同时不准敲击容器。

4.14 各种容器的气密（压）性试验，应先将罐内的水放净，清除油污、杂物，顶部要设置安全阀，试验时要以每小时2 kg/cm² 左右的压力缓慢升压，接头、阀门、仪表等有异常现象要及时停压处理。

4.15 使用平板机应站在两侧，钢板过长应用托架或小车托住或用吊车配合，板上不准站人。

4.16 卷板时应站在卷板机的两侧，钢板滚到尾端，要留足够余量，以免脱落。卷大直径筒体，应用吊具配合，防止回弹。

4.17 用调直机调直弯型钢时，应将卡车放置平稳。移动型钢时，手应在外侧，顶具必须焊有手柄。

4.18 使用剪扳机剪切板材时，板材应放置平稳。剪板时，上剪未复位不可送料，手不得伸入剪板机，不准剪切超过规定厚度和压不稳的窄钢板。

4.19　使用刨边机时工件必须卡牢，小车行走轨道不得有障碍物，清除刨屑要停车。

5. 电工安全技术操作规程

5.1　所有绝缘检验工具，应妥善保管，定期检查、校验。

5.2　施工现场高低压设备及线路，应按照施工设计以及有关电气安全技术标准所规定的操作规程安装和架设。

5.3　线路上禁止带负荷接电或断电，并禁止带电操作。

5.4　任何电气设备，在未经检查证明无电之前，一律视为有电，不可接触及移动。

5.5　行灯电压不得超过 36 V，在潮湿场所或金属容器内的行灯电压不得超过 12 V。

5.6　施工机械和电气设备不得带故障运行和超负荷作业。发现不正常时应停机检查，不得在运转中修理。

5.7　凡新架设线路、检修线路、安装灯具和器具、接电焊机等需要先切断电源，严禁带电作业。必须带电作业时，要采取用电安全措施，并要求具有两人以上作业，有人监护。

5.8　在安装导电设备时，先检查是否已关闭电源，并悬挂警告牌或设置专人看守。然后装设接地线，先将接地线一端与大地接好，再将另一端牢固接在导电设备上，拆除地线的流程与装设的流程相反。

5.9　凡装设临时动力线路或照明线路时，必须将线路架设在高 3 m 以上的木柱上，严禁就地拉线。

5.10　喷灯不得漏气、漏油或堵塞，禁止在易燃、易爆场所使用。工作完毕，将喷灯灭火并关闭旋转。

5.11　配制环氧树脂及沥青电缆胶时，操作地点应通风良好，并戴好防护用品。

5.12　电气充油设备在清洗油桶时，10 m 以内禁止烟火，而且要采取相应的防火措施。

5.13　在电气设备上不准随意放置工具、材料，如扳手、螺丝等，以免坠落损坏设备及砸伤人。

5.14　在敷设电缆时，电缆盘应用钢管固定在架子上，架子应固定牢靠，电缆盘转动时不能摇晃。电缆敷设完毕后，应立即清理杂物，做到安全与文明施工。

5.15　在安装蓄电池或蓄电池充电时，工作人员须穿戴防酸工作服、口罩、胶皮手套、防护眼镜等，工作完成后必须洗脸、洗手、漱口。蓄电室内禁止吸烟及动火，并且保持良好的通风。

5.16　在带电设备附近作业时，不得上下抛扔工具，应用绳子和工具包传递。

5.17　电气工作人员了解、掌握紧急救护法，一旦有人触电立即切断电源，进行急救。一旦电气着火立即切断电源，使用灭火器灭火并报警。

5.18　打孔时，锤头不得松动，铲子应无卷边、裂纹，戴好防护眼镜。楼板、砖墙打透眼时，板下、墙后不得有人靠近。

5.19　登电线杆作业前，应检查杆子的牢固情况，确认安全后方可登杆。登杆时脚扣应与杆径相适应，使用脚踏板、钩子应向上。安全带应拴在安全可靠处，扣环扣牢，不准拴在瓷瓶或横杆上。工具材料应用绳索传递，禁止上下抛掷。

5.20 进行耐压试验装置的金属外壳需接地，被试设备或电缆两端如不在同一地点，另一端应有人看守或加锁。仪表、接地线等检查无误，人员撤离后，方可升压。

5.21 电气设备和材料做非冲击性试验，升压或降压均应缓慢进行，因故暂停试压或结束试压，应先切断电源，安全放电并将升压设备高压侧短路接地。

5.22 在调试电力传动装置系统及高低压各型开关时，应将相关的开关手柄取下或锁上，悬挂警告标志牌，防止误合闸。

5.23 用摇表测量绝缘电阻时，应防止有人触及正在测量中的线路或设备。测量容性或感性设备、材料后，必须放电。雷击时，禁止测量线路绝缘电阻。

5.24 电流互感器二次侧禁止开路，电压互感器二次侧禁止断路或以升压方式运行。

5.25 电器材料或设备齐放电时，应穿戴绝缘防护用品，用绝缘棒安全放电。

5.26 现场变配电高压设备，不论带电与否，单人值班时不准超越遮拦和从事修理工作。

5.27 在高压带电区域内，人体与带电部分应保持安全距离，如需作业则必须有人监护。

5.28 人体、物体或起重机与架空输电线路的安全距离按输电缆输送电压等级划分。输电线电压分别为 1 kV 以下、1~20 kV、35~110 kV、154 kV、220 kV、330 kV 时与输电线路的安全距离分别为 1.5 m、2 m、4 m、5 m、6 m、7 m。工具、材料与带电体的安全距离按带电体电压等级 1~3 kV、1~10 kV、35 kV、110 kV 可划分为大于 1.90 m、大于 2.00 m、大于 2.1 m、大于 2.70 m。

5.29 变配电压室的内、外高压部分及线路需要停电，则操作流程应遵守下列规定：

（1）切断有关电源，操作手柄上锁或挂标志牌。

（2）验电时应戴绝缘手套，按电压等级使用验电器，在设备两侧各相或线路各相分别验电。

（3）验明设备和线路输入无电后，将检修设备或线路做短路接地。

（4）装设接地线，应由二人操作，先接地端，后接导体端。拆除接地线的流程与装设按线相反。装设、拆接接地线时均应穿戴绝缘防护用品。

（5）接地线应使用截面不小于 25 mm 的多股软裸铜线和专用线夹，严禁用缠绕的方法进行接地或短路。

（6）设备和线路检修完毕，应全面检查无误后方可拆除临时短路接地线。

5.30 用绝缘棒或传动机构拉、合高压开关时，应戴绝缘手套。雨天室外操作时，除穿戴绝缘防护用品外，绝缘棒应有防雨罩，并有专人监护。严禁带负荷拉、合开关。

5.31 电气设备的金属外壳，必须接地或接零线。设备可接地或接零线，但同一供电网络连接的设备不允许有的接地、有的接零线，应按照用电安全要求接好地线或零线。

5.32 电气设备所用保险丝（片）的额定电流应与其负荷容量相适应，禁止用其他金属代替保险丝（片）。

5.33 施工（生产）现场（车间）夜间临时照明电路及灯具，高度应不低于 2.5 m。易燃、易爆场所应使用防爆灯具。

5.34 照明开关、灯口及插座等，应正确接入火线和零线。

5.35 仪表安装就位后立即紧固基础螺栓，防止倾倒。多台仪表盘并列就位时。手指不得放在连接处，严禁在盘顶和仪表上放置工具等物件。

5.36 用开孔锯开孔时，不得有人靠近，应设立警示标志。

5.37 在高处安装孔板时，必须搭架子，不准坐在管道上开孔和锯管。禁止在已通介质及带压力的管道上开孔。

5.38 校验仪表应有明确的交直流电源及电压等级标示。

5.39 使用油浴设备，自动温度调节器应正常可靠，加热温度不超过所用油的燃点。加热时不准打开上盖，防止烫伤。

5.40 单管、U 型管压力计等应妥善保管，防止破碎，水银表面应用水或甘油介质密封，严防挥发。

5.41 使用水银校验仪表，应在专用的工作室内进行，工作室要通风良好，盛水银容器要盖严，散落的水银要及时清扫，并按照环保要求处理。操作时，穿好工作服和戴口罩。

5.42 仪表试运时，应挂指示牌。

6. 吊车工安全技术操作规程

6.1 吊车工必须经过培训且考试合格，取得操作技能和安全上岗证后才能驾驶吊车。禁止非吊车工操作吊车。

6.2 吊车使用前，要详细检查各制动部件是否正常，轴瓦油盒应时常注油，机械结构的外观应正常，钢丝绳的磨损情况符合规定，各安全限位装置应齐全可靠。

6.3 开动吊车前，吊车工应到两侧轨道外检查是否有障碍物存在，确认没有障碍物时方可开动吊车。

6.4 开吊车时，禁止三个运动方向一齐动作，防止吊起的物件摆动，引起脱扣断索，造成人身和设备事故。

6.5 物体起吊时应先试吊，试吊的高度不得超过 100 mm。在试吊时，由起重工进行检查所吊的物件是否良好（端正、不偏、不斜、平衡、底面有无漏挂等），试吊后如发现被吊物有偏斜、不平衡时，应停止操作进行调整，不得冒险作业，以防造成事故。

6.6 当吊车工开动大车、小车或起吊物件前，应发出铃声，以便指挥人员或工作人员加以注意。

6.7 吊车工工作前，严禁饮酒。工作中精力要集中，密切配合指挥人员。

6.8 吊车在夜间工作时，工作区域内应有充足的照明。

6.9 吊车工应定期检查和调整吊车上的抱闸，保证抱闸灵活、可靠。

6.10 吊车在没有载重行驶时，应将吊钩卷起，以免吊钩碰伤机件或伤人。

6.11 上下操作室必须使用专用扶梯，工作结束或下班时，吊车工必须将吊车电源切断。电源开关应妥善管理，防止发生触电事故。

7. 起重工安全技术操作规程

7.1 在工作前，必须先检查工作地点、通道及所用工机具的情况，必要时要对工机具进行负荷试验。

7.2 工作前应检查起重物体的包装是否完整，并确定其重心、质量及体积，以便准备相应的工机具。

7.3 工作前必须进行明确的分工，要有专人统一指挥，并按指挥者的命令进行操作。

7.4 捆绑设备时，应按包装箱上的标记进行操作，如果没有标记则应将绳索套在能够承受压力的地方，必要时需加棉纱、破布或木垫，以保证吊运的安全。

7.5 搭设装卸设备用的板桥或临时站台的坡度比不应大于 1∶3，在斜跳板的下端应顶牢。

7.6 搬运机器使用的之滚杠直径要相同、长短要一致。在搬运 2 t 以下的机器时所用的之滚杠的直径不得超过 75 mm。3 t 以上 10 t 以下机器应适当增加滚杠。

7.7 搬运头重脚轻的机器设备时，需要大型木排或钢排，并需装置拉顶杠或用绳索拉紧，使其不得有歪、动情况，以免发生人身设备事故。

7.8 搬机器设备时如遇上下坡，搬运速度要缓慢，并事先检查坡度的大小，估计人力能否使设备就位，做好相应的防滑措施，以控制自行溜动、脱落以免发生事故。

7.9 用人力搬运时，无论肩扛、抬都应量力而行，不得勉强。两个人以上搬运物件时，必须步调一致，防止发生事故。

7.10 起吊设备时，应先试吊，检查捆绑及起重工具有无变形，然后正式起吊。

7.11 使用木抱杆时，禁止使用有腐朽多节及裂缝和蛀孔木材做抱杆。有节处超过抱杆断面 10% 的不准使用。

7.12 使用金属抱杆，事先必须检查抱杆结构、铆钉及螺栓是否松动和焊缝处是否裂损等情况。

7.13 根据起吊工件的质量决定抱杆直径，应选择足够的安全系数。如果用两根以上组成的抱杆，必须经过计算确认后方可使用。钢丝绳应按其最大允许拉力计算后选用。

注：吊重钢丝绳和臂绳应计算最大允许拉力，计算公式 $S = P/K$，式中 S 为钢丝绳的最大允许拉力（kg），P 为钢丝绳经试验证明得出的拉断力（kg），K 为安全系数见附表1。

附表1 安全系数

序号	起重机设备的类型	安全系数
1	小型起重机及卷扬机	5
2	大型起重机及卷扬机	6
3	桅绳（拖拉绳）	3.5

7.14 抱杆交叉角度应按起吊重物的大小、起吊高度决定。交叉点要用钢丝绳（起吊 10 吨约扎 20 圈以上）扎紧，钢丝绳的直径不小于 15～15.5 mm，两根交叉点长度要相等，

即使抱杆与地面成等腰三角形,与水平面夹角也不得小于45°。

7.15 抱杆两脚要绝对稳固不能滑动,用钢丝绳拉紧,防止抱杆立起后两脚向外滑动,必要时两脚底挖坑埋住,以免发生危险。

7.16 抱杆之桅绳(拖拉绳)要平衡拉紧,其长度不得小于抱杆长度的两倍,桅绳的根数视被吊重物的歪斜程度决定,但不得少于四根。在起吊时,拖拉绳须有专人负责检查。

7.17 起重物质量超过10 t时,尽可能用金属抱杆。当没有金属抱杆而使用两根以上的木抱杆组成时,必须经计算确认安全后方可使用。

7.18 各种吊绳缚物件时,吊绳与水平面夹角不可小于45°。禁止丁字式绳起吊重物,因此被吊重物应用足够长度的绳索缠缚。

7.19 对滑车、卸扣、套环及绳卡子等物件,应根据其允许的安全负荷量来选择。对起重工具要经常严格检查其磨损程度,以确保起重作业的安全。

7.20 当吊起或放下被吊重物时,不准任何人站在被吊重物下面或靠近起重范围内。提升被吊重物时,禁止在地面或地板上拖拉、斜吊。

7.21 使用绞磨起吊时,必须有棘轮止动装置,以免绞磨推杆反转伤人。

7.22 绞磨起吊重物时,钢丝绳引向工作物绳端,应顺时针方向自上而下缠缚在卷筒上,另一端由有经验的人拉紧,拉紧人和缠圈数(一般缠4~7圈)应根据负荷大小决定。

7.23 跑绳应水平引至导向滑车,不得直接拉向高处。

8. 电焊工安全技术操作规程

8.1 工作前,必须首先检查电焊机外壳有无良好的接地,焊钳和焊把线必须绝缘良好,连接牢固。设备应处于安全状态,方可进行工作。

8.2 电焊机要设单独电源开关,开关应设置在防雨的电源箱内,要有漏电保护装置。电焊机电源的装、拆应由专业电工进行。

8.3 在施焊过程中应戴电焊手套,在潮湿地点电焊工应站在绝缘胶板或木板上操作。施焊场地周围不准放置易燃、易爆物品。因特殊原因必须在易燃、易爆物区域内施焊,要有防火防爆的安全措施。

8.4 严禁在带压力的容器或管道上施焊,焊接带电的设备必须先切断电源。

8.5 焊接贮存过易燃、易爆、有毒物品的容器或管道,必须清除干净,并将所有孔口打开进行空气置换,经检测符合安全要求后方可施焊。

8.6 在密闭金属容器内施焊时,容器必须可靠接地,通风良好,并有专人监护,严禁向容器内输入氧气。

8.7 预热时施焊,应做好隔热措施。

8.8 焊把线、地线,禁止与钢丝绳接地,更不能用钢丝绳或机电设备代替零线,所有地线接头必须连接牢固。

8.9 更换场地移动焊把线时,应切断电源,禁止手持焊把线爬梯登高。

8.10 清除焊渣,采用电弧气刨清根时,应戴防护眼镜或面罩,防止铁渣飞溅伤人。

8.11 多台焊机在一起集中施焊时,焊接平台或焊件必须接地,并应有隔光板。

8.12 电极棒使用后要放。密闭铅盒内,磨削钍钨电极棒时,必须戴手套、口罩,并将粉尘及时排除。

8.13 二氧化碳气体预热器的外壳应绝缘,端电压不应大于 36 V。

8.14 雷雨时,应停止露天焊接作业。

8.15 在维护、保养焊机时严禁带电检修。

8.16 在高处进行电焊作业时,其下方不得放置易燃、易爆物品或乙炔气瓶等,并不得有人通过,以免发生火灾或烧伤事故。

8.17 工作结束,必须切断电焊机电源,并仔细检查工作现场及防护用品上有无火星,余火应彻底熄灭,处理完后方可离开现场。

9. 气焊工安全技术操作规程

9.1 在作业之前,应先检查周围环境有无易燃、易爆物品等,以免发生火灾和爆炸事故。

9.2 在作业之前,必须详细检查乙炔瓶和氧气瓶的气压表、焊把开关、胶皮软管等,必须处于正常的状态下方能进行操作。

9.3 乙炔瓶与氧气的放置,必须距离工作场所 10 m 以外,同时不准放在建筑物内,乙炔瓶与氧气瓶互相距离在 5 m 以外,并要避开高温、烟火、油脂物及高压线等以防止发生火灾和爆炸事故。

9.4 两人以上同时在一处进行熔焊时,使用的气体胶皮软管不可混在一起。高空作业时,乙炔瓶和氧气瓶不许放在垂直下方,并要检查下方有无易燃、易爆物品,防止火花落下发生火灾和爆炸事故。

9.5 为了防止氧气瓶或乙炔瓶爆炸,严禁手上及工具带有油脂接触气瓶,气瓶应始终保持清洁。

9.6 如发现氧气瓶、乙炔瓶或调节器上等部位有油或油脂等。即使数量很少,也应立即停止工作。

9.7 在使用或搬运氧气瓶、乙炔瓶时,必须严格遵守下列事项:

9.7.1 如发现气瓶口有凹凸或砂眼,气门上发现有油脂物的痕迹,气门不正常等,不得使用。

9.7.2 气瓶离明火或热源设备的距离至少在 10 m 以上。

9.7.3 夏季工作时,氧气瓶、乙炔瓶禁止在烈日下爆晒,应放在阴凉的地方或者用浸入水的帆布、麻袋等遮盖起来,乙炔瓶体的表面温度不应超过 30 ~ 40 ℃。

9.7.4 必须在气瓶固定好以后方可进行作业。禁止用锤或其他硬质东西敲打瓶帽。

9.7.5 搬运氧气瓶、乙炔瓶时,必须轻拿轻放,禁止推滚气瓶。

9.7.6 运输氧气瓶、乙炔瓶时,禁止与易燃气体、油脂及其他易燃物体混放在一起。

9.7.7 装卸氧气表时,应站在侧面操作,以防伤人。

9.7.8 使用氧气瓶或乙炔瓶,瓶内气体不准全部用完,氧气瓶最少要剩下 0.05 MPa

压力的氧气，乙炔瓶最少要剩下 0.1 MPa 压力的乙炔气。

9.8　凡是已损坏的绝缘物、其他东西包扎或修补的胶皮软管，一律不准使用。

9.9　氧气管和乙炔管不准曲折和折叠。

9.10　在融焊密闭容器时，事先应检查有无良好的通风。如融焊带有油脂的容器，应事先清洗，经检查确认没有易燃物后再焊接。

9.11　乙炔软管和氧气软管不准受压，要增设遮盖物保护。

10. 管工安全技术操作规程

10.1　开始工作前，仔细检查所用的工机具是否良好，凡有松动、不灵活、裂痕或损坏等情形的工具应修好后再使用。

10.2　用车辆运输管材、管件要绑扎牢固，人力搬运时起落要一致。通过地沟、坑池、竖井、孔洞时要搭设好盖板或围栏，不得负重跨越。用滚杠运输时要防止压脚，并且不准直接调整滚杠。管材滑动时前后不得有人，以免伤人。

10.3　用克子切割铸铁管时应戴防护眼镜。克子顶部不得有卷边裂纹。

10.4　用锯床、锯弓、切管器、砂轮切管机切割管材时，管材应垫平卡牢，用力不得过猛。临边切断管材时，管材应用支架托住，砂轮切管机的砂轮片应完好，操作时操作工应站在侧面。

10.5　管材煨弯时砂子必须烘干，装砂架子搭设必须牢固，并设栏杆。机械敲打管材时，管材下面不得站人，人工敲打时上下要错开，管材加热时管材前不得有人。

10.6　用卷扬机煨弯、地锚时别（靠）桩要牢固，操作工不得站在钢丝绳内侧。

10.7　套丝工件要支平夹牢，工作台要平稳。两人以上操作时动作应协调，防止把柄打人。

10.8　管子串动和对口时动作要协调，手不能放在管口和法兰接合处。翻动工件时应防止滑动及倾倒伤人。

10.9　手提式电动砂轮机应有防护罩，操作时操作工应站在砂轮片侧面。

10.10　在沟内施工时遇有土方松动、裂缝、渗水等情况，应及时增设固定支撑，防止发生坍塌事故。

10.11　采用人工方式往沟槽内下管时，所用索具必须牢固，防止伤人。

10.12　用风枪、电锤或錾子打透眼时，板上墙后不得有人靠近。

10.13　吊装管材时倒链应完好可靠，吊件下方禁止站人，设置安全隔离区域。管材就位卡牢后，方可松卸倒链。

10.14　用酸、碱液清洗管材时应穿戴好防护用品，酸碱液槽必须加盖，并设明显标志。排放废酸、碱液前要进行环保处理，达标后再排放。

10.15　采取四氯化碳、二氯乙烷、三氯乙烯、乙醇进行管道脱脂，场地应通风良好，配戴好防护用品，并清除易燃物，设置严禁烟火和有毒物品的标志牌。

10.16　氧气管道安装、吹扫时，试压所用的工具、零部件、物料等均不得有油。

10.17 新旧管线相连时，要确认旧管内是否有易燃、易爆和有毒物质，并清洗检查，经确认没有易燃物后方可连接新旧管线。

10.18 管道试压，应使用在周检期内的压力表。操作时，要分级缓慢升压，停泵稳压后方可进行检查。操作人员不得在盲板、法兰、焊口处停留，应站在侧面。

10.19 高压、超高压管道试压，应遵守安全操作规程。

10.20 管道吹扫口应固定，吹扫口、试压排放口严禁对准有作业的方向。

10.21 管道吹扫、冲洗时，应缓慢开启阀门，以免管内物料冲击，产生水锤、汽锤现象。

11. 通风工安全技术操作规程

11.1 在风管内铆法兰及冲眼时，管外配合人员面部要避开作业面，防止伤害面部。

11.2 组装风管时，法兰也应用尖冲撬正，严禁用手指触摸。

11.3 吊装风管所用的索具要牢固。吊装时应加溜绳稳住，防止碰撞其他物品。

11.4 在高处安装风管、水漏斗、气帽时，所有工具应放入工具袋内，防止物体坠落。

11.5 使用剪扳机时，上刀架不准放置工具等物品。调整铁皮时，脚不能放在踏板上，手禁止伸入压板空隙中。

11.6 使用固定式振动剪时，两手要扶稳钢板，用力适当，手指离刀不得小于5 cm。刀片破损，应及时停机更换。

11.7 三用切断机剪切时，工件要压实。剪切窄小钢板，要用工具卡牢。调换或校正刀具时，必须停机。

11.8 咬口时，手不准放在咬口机轨道上，工件要扶稳，手指距叶轮的距离不小于5 cm。

11.9 操作卷圆机、压缝机时，手不得直接推送工件。

11.10 用克子下料时，锤打不得过急，锤击力不要过大，注意边角飞溅伤人。

11.11 打锤时不准戴手套，锤头、凿子、克子等有裂纹和缺口等不得使用，端部有卷边毛刺应磨光，否则不得使用。

11.12 使用电动工机具时，其金属外壳应有保护接地。导线有破损或出现漏电现象时，应由电工进行修理。工作完毕应切断电源，方可离开现场。

12. 酸洗工安全技术操作规程

12.1 进行酸洗操作时，必须按规定穿戴好劳动保护用品。

12.2 调配酸或碱溶液时，酸碱应缓慢地倒入水中。严禁把水倒入酸中，水的温度也不宜过高，以免酸碱溅出灼伤人。

12.3 搬运酸碱时，必须使用专用工具，事先检查装酸碱的容器是否牢固，再进行搬运。

12.4 酸洗车间的电气设备应经常检查，特别应该检查绝缘层的绝缘能力。电气设备的维修，应由电气维修工来操作。

12.5 在工作时间，不准吸烟、饮食和喝水，以免由于吸入或吃入有害的气体而引起中毒事故。

12.6 在酸洗槽附近不准有火源，防止酸液分离的氢气燃烧发生火灾或爆炸。

12.7　当酸或碱液溅在皮肤上或眼睛中,应立即用清水、稀碱或稀酸(硼酸)溶液洗涤。

12.8　下班时必须脱掉防护用品,仔细将手洗净,并用净水漱口。

12.9　酸洗车间必须设有良好的通风装置。

12.10　废酸溶液不准随地倒放,在排放前必须按照环保要求进行处理,达标后方可排放。

13. 防腐工安全技术操作规程

13.1　操作人员必须接受防毒、防爆和防火的安全技术专项教育培训后方可施工作业。

13.2　施工(生产)作业点的空气必须疏通,通风不良的地方应设通风设备。

13.3　施工(生产)作业点必须备有足够的消防用具,如砂箱、灭火器等。

13.4　施工(生产)作业点严禁堆放易燃、易爆物。不得携带打火机、火柴等点火源。

13.5　施工(生产)作业点应有充足的光线,固定照明灯(220 V)须用防爆灯罩,行灯必须采用安全电压(36 V以下)。

13.6　施工(生产)作业点使用的丙酮等溶剂的数量尽量控制,当天剩余的溶剂退库储存。

13.7　施工(生产)作业点应有两人以上同时进行操作。

13.8　使用有毒性溶剂时,必须戴防毒用具。

13.9　空气压缩机必须设专人看管,经常检查与维修,严格遵守安全操作规程。

13.10　储存危险品的仓库,必须离建筑物20 m以外。在离仓库10 m以内不得动火,仓库内严禁烟火及光线直射。

14. 油漆工安全技术操作规程

14.1　工作前要检查所用工具、机械以及登高作业设施是否完好和符合使用安全要求。

14.2　喷漆用的机械设备和用具要有专人负责操作和保管。

14.3　登高作业时,除遵守《高处作业安全技术操作规程》外,还应做到:

14.3.1　洒在脚手板、墙板及楼板、地面上的油漆要随时擦净;

14.3.2　油漆天窗时,要戴防护眼镜;

14.3.3　油漆作业区域离地面2 m以上时必须配戴好安全带;

14.3.4　高处作业时,离电线必须在2 m以外。使用梯子作业时,要有专人扶梯,梯子与地面保持60°的斜角。

14.4　施工作业前要配戴好个人劳动保护用品。

14.5　从事油漆工作时,必须注意下列防火事项:

14.5.1　使用汽油、煤油、松节油、硝基漆以及其它易燃易爆物品时,严禁有动火作业,喷漆作业在10 m范围内不准动火;

14.5.2　油漆要设专库储存,油漆库内禁止吸烟和动火。在库房周围设有明显"禁止烟火"的标牌。并要配备消防器材;

14.5.3　严禁用氧气做吹扫气体;

14.5.4　在设备、容器、地下室内工作时，必须使用12 V低压安全灯，灯上要装有防护罩。

14.6　油漆操作时防毒规则如下：

14.6.1　调、喷、刷油漆和铅粉以及在室内使用含有挥发剂、快干剂的油漆时，根据工作需要应穿戴必要的防护用品，如防毒口罩或面具；

14.6.2　在室内、地沟、地下室以及设备容器内工作时，必须有良好的通风，并定时测试氧气含量，加强安全监护；

14.6.3　使用脱漆剂或香蕉水清洗或清除油漆，工作完毕后立即用肥皂水洗手；

14.6.4　调、喷、刷油漆时不可用手去摸眼睛和皮肤。

14.7　设备内使用汽油等易燃物品时，应避免金属冲撞，操作人员要穿胶底鞋和非金属扣的工作服。

14.8　使用沥青类涂料时要遵守"沥青工作安全操作规程"。

14.9　喷过漆的或用汽油清洗过的零件需经自然干燥后再放入烘箱烘干。

14.10　工作完毕，清理工具和残料，剩有油漆的容器要加盖密封并退回库房。严禁使用易燃物品做清洁工作，以免发生火灾事故。

15. 无损探伤工安全技术操作规程

15.1　探伤仪器及附属电气线路要绝缘良好，外壳应可靠接地。检修时，应先切断电源。

15.2　射线探伤操作人员，必须穿戴防护用品和定期检查身体。

15.3　射线探伤工作地点，应设置围栏和警告标志。夜间作业要设置警示灯，必要情况下设置监护人。

15.4　X射线探伤时，操作迅速、撤离要快，严禁直接接触放射源。

15.5　X射线探伤时应有防护屏蔽或其他防护措施。曝光前操作人员应背离X光机"窗口"，曝光应待人员撤离至安全区域后进行。

15.6　超声波仪器通电后，禁止打开保护盖，防止高压电伤人。

15.7　荧光探伤时应戴防护眼镜，禁止直接触摸工件上的荧光粉、显像粉。配制着色探伤剂或筛取荧光粉、磁粉、显像粉时应在通风良好的作业点进行。

15.8　射线探伤人员应配备剂量监测仪，探伤区域应配报警器。

16. 汽车吊、轮胎吊驾驶员安全技术操作规程

16.1　汽车吊车、轮胎式吊车在道路上行驶过程中，应遵守国家道路交通安全法规。

16.2　进入施工现场前，应查明行驶路线上的桥梁、涵洞的高度、宽度和承载能力，保证其安全距离要求。

16.3　吊车行驶和工作场地应保持平坦坚实、离沟渠、基坑应有一定的安全距离。

16.4　吊车驾驶员在操纵起动前，应检查操作杆档（包括总离合器）是否放在空挡位置。

16.5　作业前应全部伸出支腿并在撑脚板下垫方木，调整机体使回转支承面的倾斜度在无载荷时不大于1/1000（水准）。支腿有定位销的必须插上，底盘弹性悬挂的起重机，

放支腿前应先收紧稳定器。

16.6 作业中严禁扳动支腿操纵阀。如需调整支腿，必须在无载荷时进行，并将臂杆转至正前或正后再行调整。

16.7 起重变幅应平稳，严禁臂杆猛起猛落。

16.8 伸缩式臂杆伸或缩时，应按规定顺序进行，在伸臂的同时要相应下降吊钩、或反之。当限制器发生警报时，应立即停止伸臂。臂杆缩回时，仰角不宜太大。

16.9 伸臂式臂杆伸出后出现前节臂杆的长度大于后节伸出长度时，必须经过调整，消除不正常情况后，方可作业。

16.10 工作开始后，吊车驾驶员要精力集中，时刻与起重工人密切联系，注意信号指挥者发出的各种信号并及时动作。

16.11 伸臂式臂杆伸出后，臂杆下落变幅时不得小于各长度所规定的仰角。

16.12 作业中发现支腿沉陷起重机倾斜等不正常现象时，在发出"停止"信号的同时，吊车驾驶员均应停止动作，并立即放下重物，待调整后才能继续作业。

16.13 汽车吊作业时，汽车驾驶室不得有人，重物不得超越驾驶室上方。

16.14 起吊工作开始后，先进行试吊，试吊高度不得超过 10 cm，在试吊时，由装卸起重工检查被吊物件是否端正。

16.15 轮胎吊需带载荷行走时，道路必须平坦坚实，载荷必须符合起重性能规定，重物离地不得超过 30 cm，并栓好拉绳，缓慢行驶，严禁超速带载荷行驶。

16.16 装车时，车箱内吊物下面不得有人。

16.17 吊钩上凡吊有物件时，驾驶员不得离开驾驶室，严禁做非驾驶性的工作。

16.18 禁止超负荷起吊，如不知吊物质量时，可向搬运工作人员或保管员问清楚。

16.19 两台吊车同时起吊一件物体时，要合理地分配负重。起质量不得超过两台车的安全起质量的 80%，应有一名具备指挥权的专人指挥。

16.20 两台以上吊车在一条线上工作时，两车之间要保持一定安全距离，转盘转动应采取同一个方向，以免互相冲撞。

16.21 吊车吊杆离电线及其他建筑物要有一定的安全距离。

16.22 起吊物件时，待物件离地后再旋转吊杆，防止拖地旋转吊杆。严禁斜吊、起吊埋入地下的不明物件。

16.23 吊车在往返途中，禁止在吊车转盘上坐人或站人。

16.24 吊车使用完毕，驾驶员应将各种排挡操纵杆放在空挡位置，各种制动器要完全扣上。

17. 木工安全技术操作规程

17.1 在操作前，首先要检查工机具是否完好及作业场所是否安全。

17.2 在操作电锯、电刨时，精力要集中，推送木料不要用力过猛。

17.3 工作场所应保持整洁，不许乱堆材料。

17.4 打眼要用平顶锤,并禁止两面打。

17.5 使用电刨时,要注意木料有无带砂土或钉子,如有则应先清除后方可操作。

17.6 操作电刨子和电锯时严禁戴手套。

17.7 操作电刨要根据所刨部件的宽窄,将安全防护装置进行调整。无安全防护装置严禁使用电刨,以免发生事故。

17.8 木工操作场地严禁烟火,同时设置消防器材。

17.9 非木工工种的人员,严禁使用电刨和电锯。

17.10 电锯、电刨切割短木料时,不准直接用手推送,要用木棒推送。

17.11 电刨和电锯在使用完毕后,应及时切断电源。

17.12 工作结束后及时清理边角废料和产生的锯末,清理干净后方可离开作业现场。

18. 高处作业安全技术操作规程

18.1 基本定义

18.1.1 凡在坠落高度离基准面 2 m 以上(含 2 m)的高处作业,均称为高处作业。

18.1.2 通过最低坠落着落点的水平面,称为坠落高度基准面。

18.1.3 在作业位置可能坠落到的最低点,称为该作业位置的最低坠落着落点。

18.1.4 作业区各作业位置至相应坠落高度基准面之间的垂直距离中的最大值,称为该作业区的高处作业高度。

18.2 高处作业的级别

18.2.1 高处作业高度在 2~5 m 时,称为一级高处作业。

18.2.2 高处作业高度在 5 m 以上至 15 m 时,称为二级高处作业。

18.2.3 高处作业高度在 15 m 以上至 30 m 时,称为三级高处作业。

18.2.4 高处作业高度在 30 m 以上时,称为特级高处作业。

18.3 高处作业的种类和特殊高处作业的类别

高处作业的种类分为一般高处作业和特殊高处作业两种。一般高处作业是指除特殊高处作业以外的高处作业。特殊高处作业包括以下几个类别:

18.3.2.1 在阵风风力六级以上的情况下进行的高处作业,称为强风高处作业。

18.3.2.2 在高温或低温环境下进行的高处作业,称为异温高处作业。

18.3.2.3 降雪时进行的高处作业,称为雪天高处作业。

18.3.2.4 降雨时进行的高处作业,称为雨天高处作业。

18.3.2.5 室外完全采取人工照明时进行的高处作业,称为夜间高处作业。

18.3.2.6 在接近或接触带电条件下进行的高处作业,统称为带电高处作业。

18.3.2.7 在无立足点或无牢靠立足点的条件下进行的高处作业,统称为抢救高处作业。

18.4 高处作业基本规定

18.4.1 高处作业的安全技术措施及其所需材料用具,必须列入工程的施工组织设计。

18.4.2 单位工程施工负责人应对工程的高处作业安全技术负责,并建立相应的责任制。施工前应逐级进行安全技术教育及交底，落实所有安全技术措施和安全防护用品，未经检查合格的不得进行施工。

18.4.3 高处作业中的安全标志、工具、仪表、电气设施和各种设备，必须在施工前加以检查，确认其完好，方能投入使用。

18.4.4 攀登和悬空高处作业人员以及搭设高处作业安全设施的人员，必须经过专业技术培训及专业考试合格持证上岗。在作业前进行身体检查，凡患有高血压、心脏病、贫血病、癫痫病以及其他不适于高空作业的，不得从事高空作业。

18.4.5 施工中发现高处作业的安全技术措施有缺陷和隐患时，必须及时解决，危及人身安全时必须停止作业。

18.4.6 工作场所有可能坠落的物件，应一律先进行撤除或加以固定。高处作业所用的物料，均应堆放平稳，不妨碍通行和装卸。工具应随手放入工具袋。作业中的走道、通道板和登高用具，应随时清扫干净。拆卸下的物件及余料和废料，均应及时清理运走，不得任意乱放或向下丢弃。传递物件禁止抛掷。

18.4.7 雨天进行高处作业时，必须采取可靠的防滑措施。

18.4.8 在高层建筑物进行高处作业，应事先设置避雷设施。遇有 6 级以上强风、浓雾等恶劣气候时，不得进行露天攀登与悬空高处作业。台风、暴雨后，应对高处作业安全设施逐一加以检查，发现有松动变形、损坏或脱落等现象，应立即修理完善。

18.4.9 因作业的需要，临时拆除或变动安全防护设施时，必须经施工负责人同意，并采取相应的安全措施。作业后应立即恢复。

18.4.10 防护棚搭设与拆除时，应设警戒区，并应派专人监护，严禁上下同时拆除。

19. 架子工安全技术操作规程

19.1 架子工属国家规定的特种作业人员，必须经有关部门培训，考试合格，持证上岗。每年进行一次体检。凡患高血压、心脏病、贫血病、癫痫病以及不适于高处作业的，不得从事架子作业。

19.2 架子工班组接受任务后，必须根据任务的特点向班组全体人员进行安全技术交底，明确分工。悬挂挑式脚手架和门式、碗口式和工具式插口脚手架或其他新型脚手架，以及高度在 30 m 以上的落地式脚手架和其他非标准的架子，必须具有上级技术部门批准的设计图纸、计算书和安全技术交底书后才可搭设。同时，搭设前架子工班组长要组织全体人员熟悉施工技术和作业要求，确定搭设方法。搭脚手架前班组长应带领架子工对施工环境及所需的工具、安全防护措施等进行检查，消除隐患后方可开始作业。

19.3 架子工作业要正确使用个人劳动防护用品。必须戴安全帽，系安全带，衣着要灵便，穿软底防滑鞋，不得穿塑料底鞋、皮鞋、拖鞋和硬底或带钉易滑的鞋。作业时要思想集中，团结协作，互相呼应，统一指挥。不准用抛扔方法上下传递工具、零件等。禁止打闹。休息时应下架子，严禁酒后上班。

19.4 架子要结合工程进度搭设，不宜一次搭得过高。未完成的脚手架，架子工离开作业岗位时（如工间休息或下班），不得留有未固定构件，必须采取措施消除不安全因素和确保架子稳定。脚手架搭设后必须经施工员会同安全员进行验收合格后才能使用。在使用过程中，要经常进行检查，对长期停用的脚手架恢复使用前必须进行检查，检验合格后才能使用。

19.5 落地式多立杆外脚手架上均布荷载不得超过 270 kg/m²，堆放标准砖只允许侧摆 3 层；集中荷载不得超过 150 kg/m²。用于装修的脚手架不得超过 200 kg/m²，承受手推运输车及负载超过重的脚手架及其他类型脚手架，荷载按设计规定。

19.6 高层建筑施工工地井子架、脚手架等高出周围建筑，须防雷击。若在相邻建筑物、构筑物防雷装置的保护范围以外，应安装防雷装置，可将井子架及钢管脚手架一侧高杆接长，使之高出顶端 2 m 作为接闪器，并在该高杆下端设置接地线。防雷装置冲击接地电阻值不得大于 4 Ω。

19.7 架子的铺设宽度不得小于 1.2 m。脚手板须满铺，离墙面不得大于 20 cm，不得有空隙和探头板。脚手板搭接时不得小于 20 cm；对头接时应假设双排小横杆，间距不大于 20 cm。在架子拐弯处脚手板应交叉搭接。垫平脚手板应用木块，并且要钉牢，不得用砖垫。

19.8 上料斜道的铺设宽度不得小于 1.5 m，坡度不得大于 1∶3，防滑条的间距不得大于 30 cm。

19.9 脚手架的外侧、斜道和平台，要绑 1 m 高的防护栏杆，钉 18 cm 高的挡脚板。

19.10 砌筑里脚手架铺设宽度不得小于 1.2 m，高度应保持低于外墙 20 cm。里脚手架的支架间距不得大于 1.5 m，支架底脚要有垫木块，并支在能承受荷重的结构上、搭设双层架时，上下支架必须对齐，同时支架应绑斜撑拉固。

19.11 砌墙高度超过 4 m 时，必须在墙外搭设能承受 160 kg 重的安全网或防护挡板。多层建筑应在二层和每隔四层设一道固定的安全网，同时再设一道随施工高度提升的安全网。

19.12 拆除脚手架，周围应设围栏或警戒标志，并设专人看管，禁止非工作人员入内。拆除脚手架时应按顺序由上到下，一步一清，不准上下同时作业。

19.13 拆除脚手架大横杆、剪刀撑，应先拆中间扣，再拆两头扣，由中间操作人往下顺杆子。

19.14 拆下的脚手杆、脚手板、钢管、扣件、钢丝绳等材料，应向下传递或用绳吊下，禁止往下投扔。

20. 喷砂工安全技术操作规程

20.1 工作时，必须戴好防尘口罩和防护眼镜。

20.2 喷砂前，应先启动通风除尘设备，并检查设备各部分是否正常。

20.3 没有通风除尘设备或通风除尘设备发生故障时，不准进行喷砂工作。

20.4 必须把喷砂室门及观察玻璃窗关闭后，才可以进行喷砂工作。

20.5 开动喷砂机时，应先开压缩空气开关，后开砂子控制器；停机时，应先停砂子控制器，后停压缩空气。

20.6 观察玻璃必须保持透明。喷砂的喷嘴应保持畅通，如有堵塞应进行修理，不得敲打喷砂机。

21. 测量工安全技术操作规程

21.1 作业时应注意环境情况，采取针对措施，戴好防护用品。在楼板上作业应注意未覆盖的洞，防止坠落；在地下室、遂洞作业应有足够照明；在基坑、基槽内作业应检查有无塌方危险。

21.2 搬运仪器必须装箱上锁，并检查提环、背带、背架及运输工具是否牢固，确定牢固后方能搬运。搬运安在三角架上的仪器时，严禁平杠横抱，行走要谨慎，严防仪器碰撞脚手架、钢丝绳以及建筑物、构筑物等。

21.3 仪器架设地点必须安全。高空作业时严禁在有危险的区域架设仪器，在冰冻地面上架设时要防滑倒。踩脚手架入土时，用力不能过猛。

21.4 严禁用经纬仪直接观测太阳，以免伤人。

21.5 量距时应防止钢卷尺折断。穿跨障碍物或酸碱污染地段时，中间必须由人托尺，防止钢卷尺落地。量距时应注意环境，严防钢卷尺接触电线、电焊把线，以免损坏卷尺或触电。

21.6 距标尺、立花杆不得触及架空电线，更不得靠在电线上。不得用标尺、花杆抬物，也不得坐、靠在上面。

21.7 打木桩要选择合适的锤，除掉锤头飞刺，锤把应用活腊木杆。打锤应注意前后有无人员或障碍物，被打的木桩或钢钉如有人扶持，打锤人与扶持人不准相对站立。禁止打飞锤。打锤时严禁戴手套。

22. 混凝土搅拌工安全技术操作规程

22.1 作业前的准备

22.1.1 检查储料区内、提升斗下是否有人或异物，搅拌站工作时，以上区域严禁人和异物进入。

22.1.2 检查齿轮箱的油位和油质，如油不足应添加，油品不合格或不清洁应更换。

22.1.3 检查进料、排料闸门以及搅拌鼓的磨损情况。磨损超限时应及时更换。

22.1.4 检查各部位螺栓应紧固。联接称量斗是否符合要求，否则影响精度。

22.1.5 检查电源、水源应符合机器要求，应联接可靠。电气控制柜必须由有资质的专职电工保管，其它人员不得擅自打开电气柜。认真检查电气装置是否符合要求。

22.1.6 检查提升斗和拉铲的钢丝绳安装，卷筒缠绕应正确，检查限位开关应调整正确，安全可靠。检查钢丝绳磨损情况，如钢丝绳直径减少10%应予以更换。

22.1.7 检查拉铲的制动器应制动灵敏,提升斗的保险销应可靠。如有人在提升斗下工作,一定要将提升斗用保险销锁住。

22.1.8 检查称量装置应能正常使用,计量应精确,其误差不能超过 1%。检查输送带的张紧度要适当,不得跑偏。

22.2 运转中的注意事项

22.2.1 起动机械后,仔细观察机械的运转情况以及各种仪表是否正常,注意电压是否稳定,发现异常立即停机。

22.2.2 机械在运转中,不准进行维修、保养、润滑、紧固等工作。禁止将手、脚放在闸门、搅拌鼓及其它旋转部位,搅拌鼓起动前应盖好。

22.2.3 当电气装置跳闸时,应查明原因,排除故障后再合闸。不准强行合闸。

22.2.4 夜间作业时,应有足够的照明。

22.2.5 操作人员和混凝土灌注人员之间必须密切配合,确保机械正常工作,确保符合工程需要的高质量混凝土,减少混凝土的浪费。

22.3 作业后的注意事项

22.3.1 工作结束断电后,彻底清洗机械设备及现场。对搅拌鼓内的残余混凝土一定要清洗干净。

22.3.2 对机械进行维护保养。对各润滑部位加注润滑油(脂),对需保护部位涂油防锈。

参考文献

[1] 杜伟娜. 未来能源的主导——核能[M]. 北京：北京工业大学出版社，2015.
[2] 马加群，李日. 核电站安全文化[M]. 杭州：浙江大学出版社，2018.